同心·同德·同助行……

同助行　建筑设计竞标的创意与技巧

韩冬　编著

中国林业出版社
China Forestry Publishing House

图书在版编目（C I P）数据

同助行：建筑设计竞标的创意与技巧 / 韩冬编著
. -- 北京：中国林业出版社, 2017.12
ISBN 978-7-5038-9382-7

Ⅰ. ①同… Ⅱ. ①韩… Ⅲ. ①建筑设计－投标 Ⅳ.
①TU723.2

中国版本图书馆CIP数据核字(2017)第295662号

同助行　建筑设计竞标的创意与技巧

编　　著　韩冬
策划编辑　韩冬
流程编辑　韩冬
文字编辑　韩冬
装帧设计　秦铁

中国林业出版社・建筑分社
责任编辑　纪亮　王思源

出版发行　中国林业出版社
出版社地址　北京西城区德内大街刘海胡同7号，邮编：100009
出版社网址　http://lycb.forestry,gov.cn/
经　　销　全国新华书店
印　　刷　深圳市雅仕达印务有限公司

开　　本　285mm×285mm
印　　张　14
版　　次　2018年3月第1版
印　　次　2018年3月第1次印刷

标准书号　ISBN 978-7-5038-9382-7
定　　价　258.00元

图书如有印装质量问题，可随时向印刷厂调换（电话：0755-29782366）

韩冬，建筑学硕士，深圳市同筑行建筑设计有限公司总建筑师，曾担任深圳市清华苑建筑设计有限公司副总建筑师、深圳市合大国际工程设计有限公司总建筑师等职。1997年毕业于华南理工大学建筑设计研究院，师从何镜堂院士。自工作以来，长期坚持在设计一线工作，先后参加了48项工程设计竞标。其中中标建成的约有20个项目，规模从几千平方米到几十万平方米不等。擅长设计大型城市综合体、高层及超高层办公楼、大型住宅区、博物馆及档案馆等。多次获得市、省、部级优秀设计奖，并拥有两项国家发明专利。代表作品有：深圳国税大厦、长城科技大厦、山东雪野莲花度假区等。

序言

建筑师获得项目除直接委托外，参加投标是重要的途径，同时投标也是锻炼队伍，提高水平的手段，这在世界建筑界多是如此。好的建筑师和事务所常常参与高水平的竞赛和投标。

建筑设计及其投标有“分析、综合、判断”等几个层次，投标更是将建筑设计的成果放之于比较中判断评价建筑师的成果，其中建筑师的主观分析要与实际客观的判断相对应便是理想状。

本书作者为一线实际创作的的总建筑师，长期职业作为积累了丰富的投标体验，作者根据其切身经历从中标、落标两个方面进行深入总结，总结出中标的七大要诀和落标的七大通病。结合实例，言之有物，富有体会，对建筑师的业务有借鉴启示，也有极强的操作性，对青年建筑师能力的提高有很大的业务帮助！

竞赛、投标是建筑师的职业常态，愿此书可以为广大建筑师的职业及经营有所帮助！

厦门大学建筑与土木工程学院 王绍森教授

自序

自从1997年从华南理工研究生毕业以来，我已经在深圳工作了整整20年，期间大大小小参加了48次项目投标，中标建成的约有20个项目。有欢笑也有泪水，有激情也有颓废。我总想着能有机会总结一下这其间的得失，给自己前一段的工作加一个注解，也期能为后来者提供一些帮助。

2014年，我应深圳清华苑建筑设计有限公司李总经理的邀请，做了一次讲座《建筑设计竞标中的创作与技巧》，得以将自己多年的竞标心得加以总结，并得到了公司同仁的广泛好评。

建筑设计竞标是目前国内外获得项目设计权的常用方式，基本上是每个建筑师都经常且必须面对的挑战。所以，我觉得非常有必要在这方面进行总结与研究。我每次在接手一个投标邀请时，会先从整体进行评估，确定风险率，经过慎重选择后才决定是否参与投标，“不打无准备之仗”，这是第一心得。接着，我再确定主攻方向，一步步地来，每一步都确保不要出错，最后才能达到一个比较理想的结果。切记：与甲方项目决策者良好有效的沟通是成功的关键。

总结起来，中标的四个原则：

①知己知彼，百战不殆

投标前准备阶段非常重要，必须整体上了解项目，越详细越好，研究项目特点，抓准特质，确定主攻方向，切忌偏题。

②立意高远，决胜千里

做方案时设计立意新颖、准确、高远，往往可以一击中的，引起大家的共鸣，产生意想不到的效果。

③丝丝入扣，无懈可击

我们在设计时非常强调设计推理的逻辑性，常采用比较法，层层深入，逻辑清晰、严密，无懈可击，使对手心服口服。

④避免硬伤、低级错误

每次投标中，总会有一两家设计单位因为极为低级的错误而出局，常有的是把红线看错、容积率超标等等，很是可惜，所以要特别注意别犯低级错误，以免白费工夫。

本人把中标的经验与落标的教训总结为“中标七大要诀：特奇严整精准强”和“落标七大通病：及偏瞎奈低超弃”。当然，想要中标绝不是仅靠这14个字就可以的，还需要在各个方面进行努力。本文只是意在抛砖引玉，结合实际案例进行总结分析，希望对大家有所启发和帮助。

因作者水平有限，如有不足之处在所难免，还望同行斧正！

一半是海水

参加竞标时，首先应当做到“知己知彼”，尽量了解项目的全过程，“不打无准备之仗”，因为每次落标都是一次惨痛的记忆。现将我亲身遇到的故事总结为“落标七大通病”，以期帮助后人。

落标七大通病：

①及：力所不及，虽败犹荣

②偏：方向偏离，白费工夫

③瞎：不摸底气，瞎子过河

④奈：天有不测，无可奈何

⑤低：低级错误，非常可惜

⑥超：太过超前，无法实现

⑦弃：主动放弃，海阔天空

目录

宝安N28中学

宝安检察院

绿岛山影

江苏软件基地

秀水商城

天元方舟

中国铁建大厦

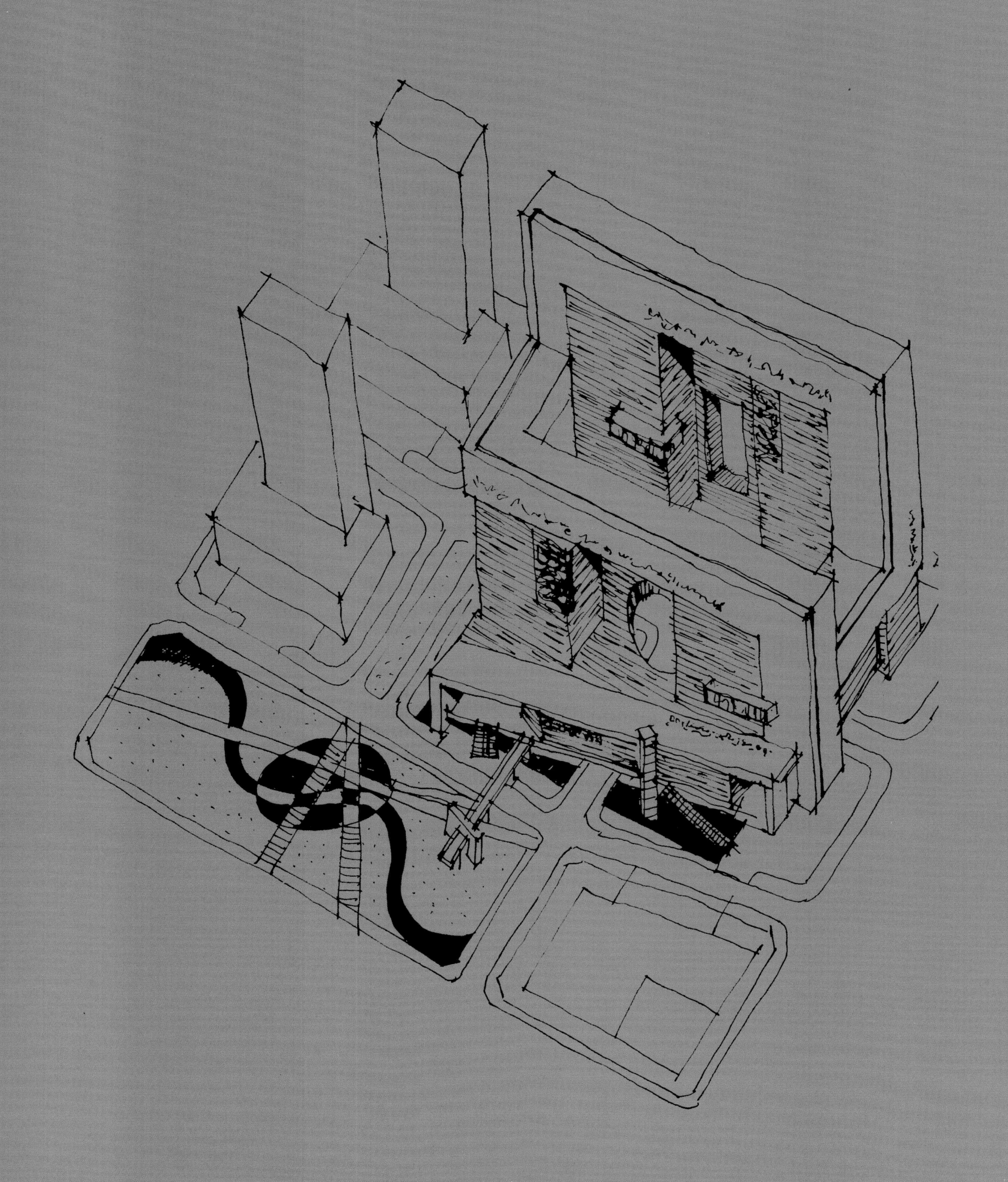

及：力所不及，虽败犹荣

有些项目，我们已经尽力了，但由于水平有限，技不如人，或由于评委的审美倾向不同造成了落标，也是情有可原的。但我会要求团队至少做出自己的水平，力虽不及，但也虽败犹荣。深圳档案馆与万利达大厦虽然未能中标，但也得到了同行的认可。

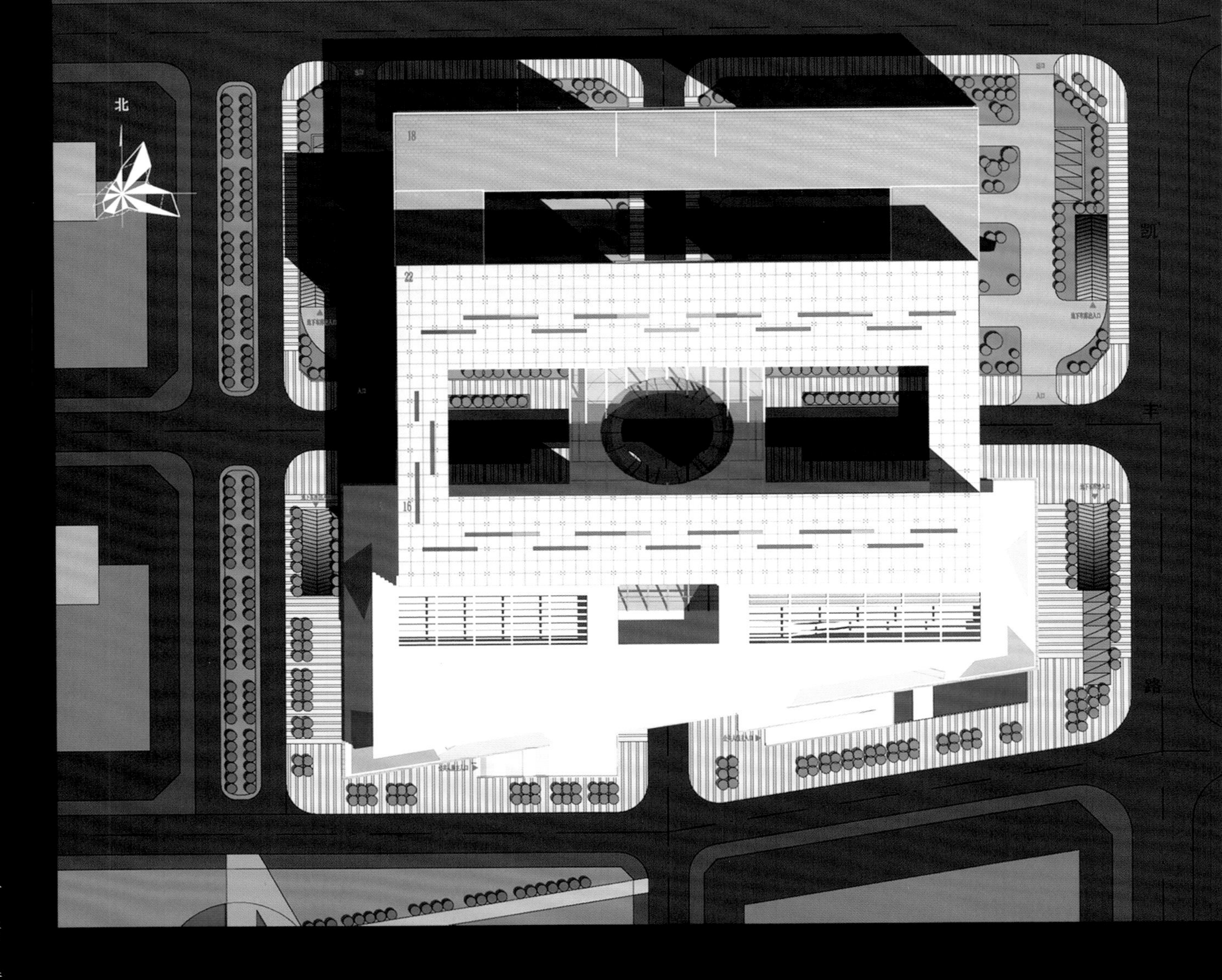

□深圳档案馆

项目地点：广东省深圳市

设计时间：2008年

建筑面积：12万平方米

委托单位：深圳市档案局

深圳档案馆投标，报名参加的有35家设计单位，第一轮取前7名，第二轮取前3名，最后我们的方案排名第5。虽然没有中标，但也获得了同行的尊重和认可。深圳档案馆以“深圳的记忆”为主题，通过对深圳改革开放30年重大历史事件的回顾，总结出“改革开放的窗口”“垦荒牛的力量”“高速发展的速度”“海纳百川的包容”“敢于创新的精神”等特点，提炼、归纳为“开放、现代、大气、创新、速度、动感、时尚”等品质，把它们赋予我们的建筑，使它拥有真正属于深圳的建筑性格。根据地形特点，巧妙地把不同功能的四部分内容布置在一个完整的平台上，一条巨型连廊在空中把四部分串联起来，形成极具震撼力的空间效果。扩建部分放在用地北侧，一期即可形成完整的建筑形象，大平台的设计塑造了一个极具动感的城市空间。

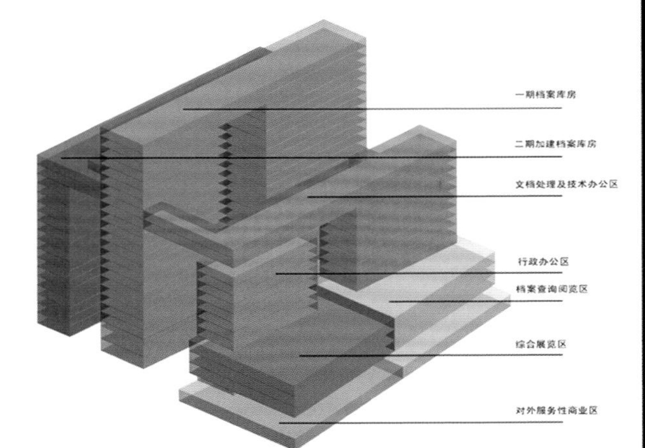

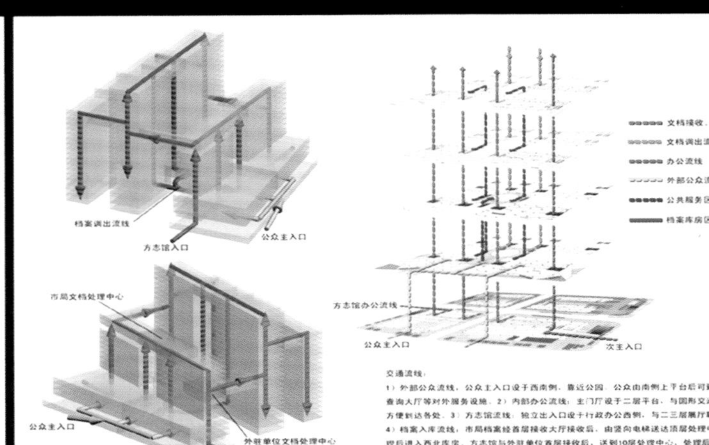

深圳市档案中心
1979年深圳建市，开启对外开放的窗口
1982年建设兵团入深，掀起垦荒牛的时代。
1984年国贸大厦3天一层楼，创造深圳的速度
一期
二期

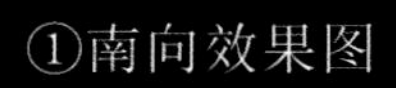

①南向效果图

②平台夜景图

③内景效果图

④内景效果图

深圳市档案中心
THE CENTER OF SHEN ZHEN' S ARCHIVES

①

② 总体鸟瞰图

③ 西南向透视图

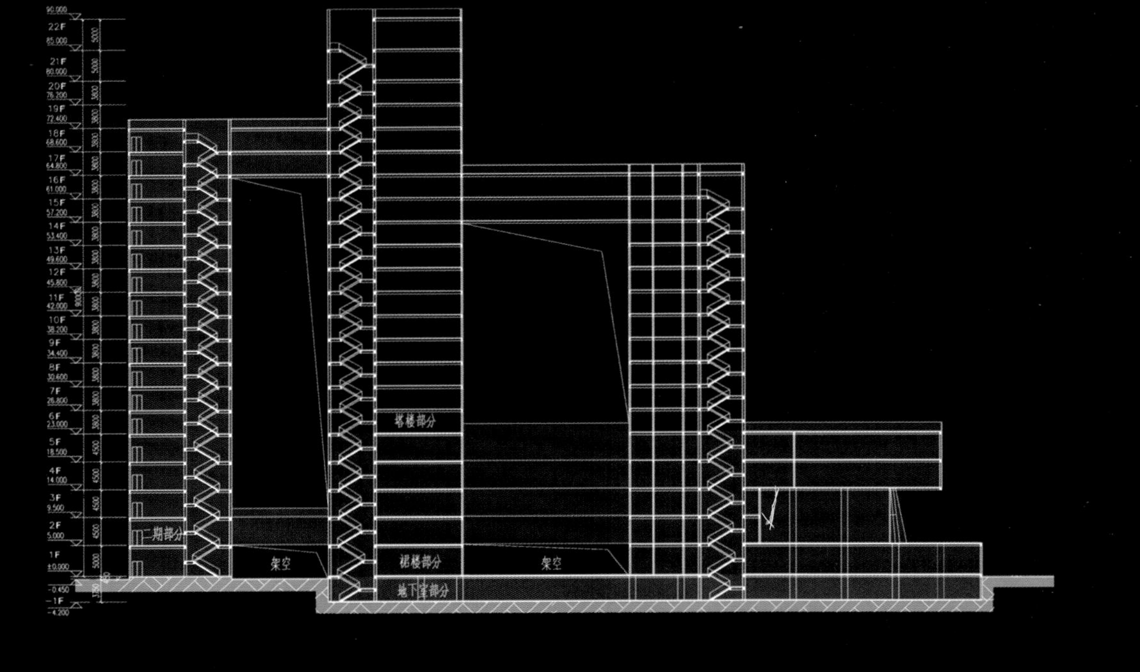

④

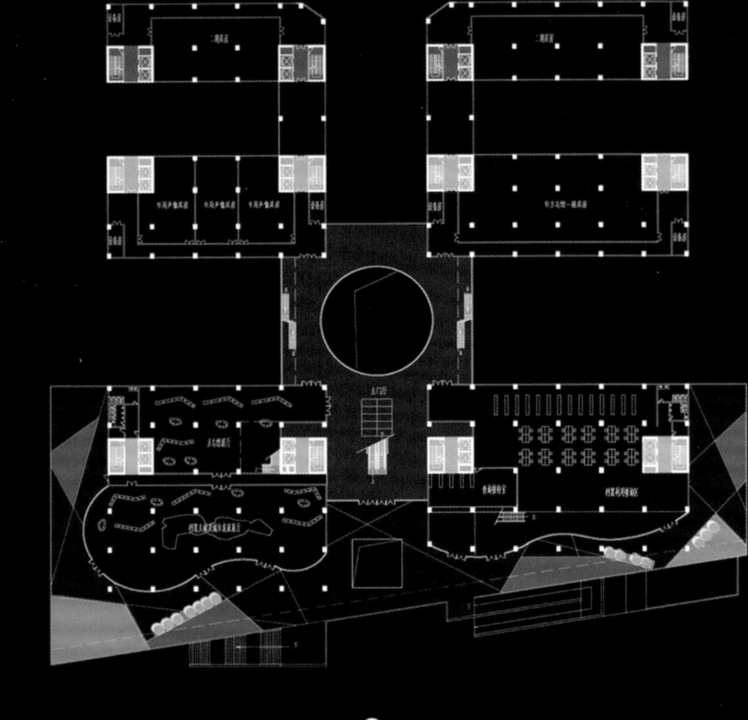

②

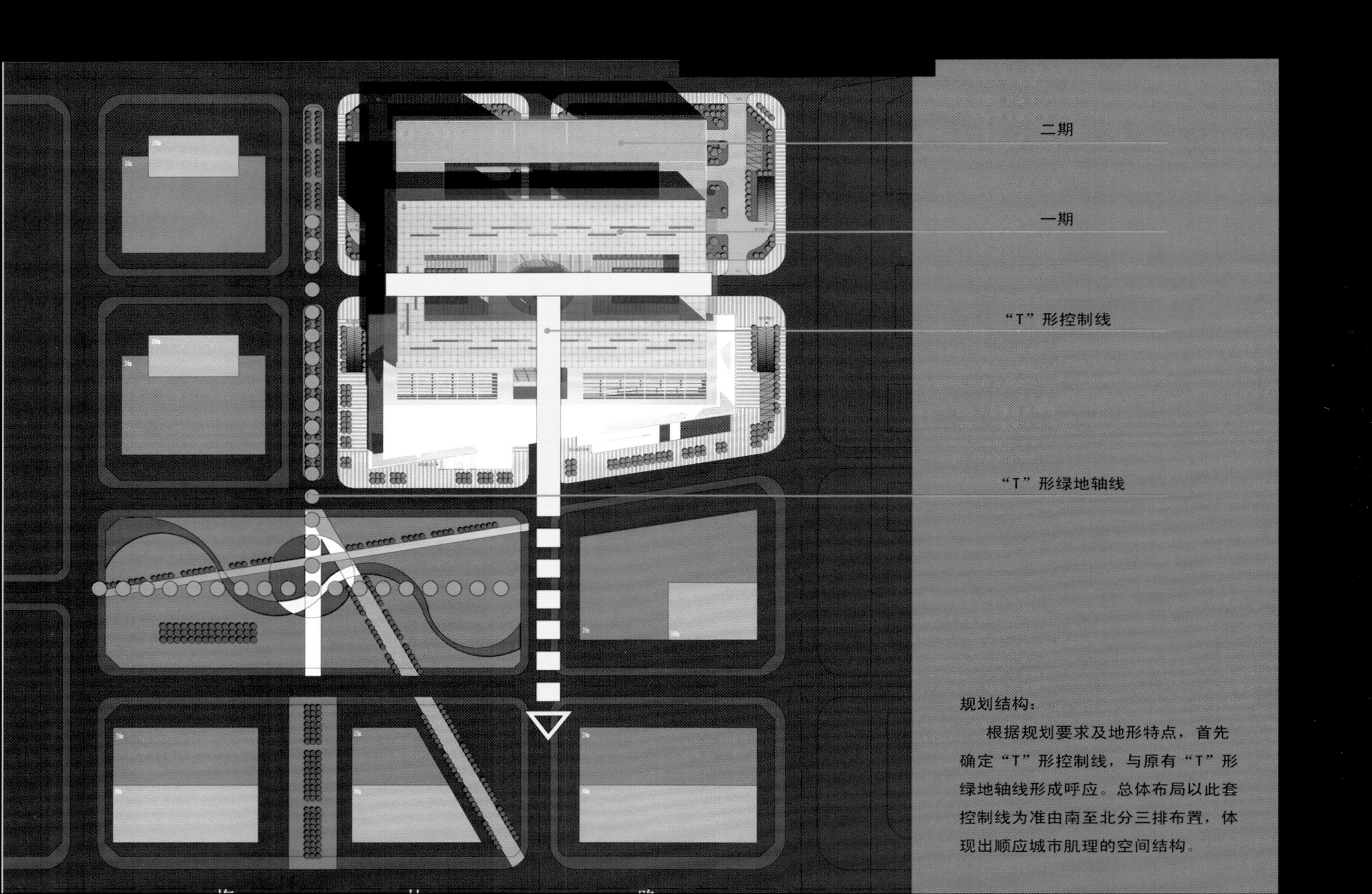

规划结构：

根据规划要求及地形特点，首先确定"T"形控制线，与原有"T"形绿地轴线形成呼应。总体布局以此套控制线为准由南至北分三排布置，体现出顺应城市肌理的空间结构。

①功能分布图
②二层平面图
③规划结构图
④半鸟瞰图

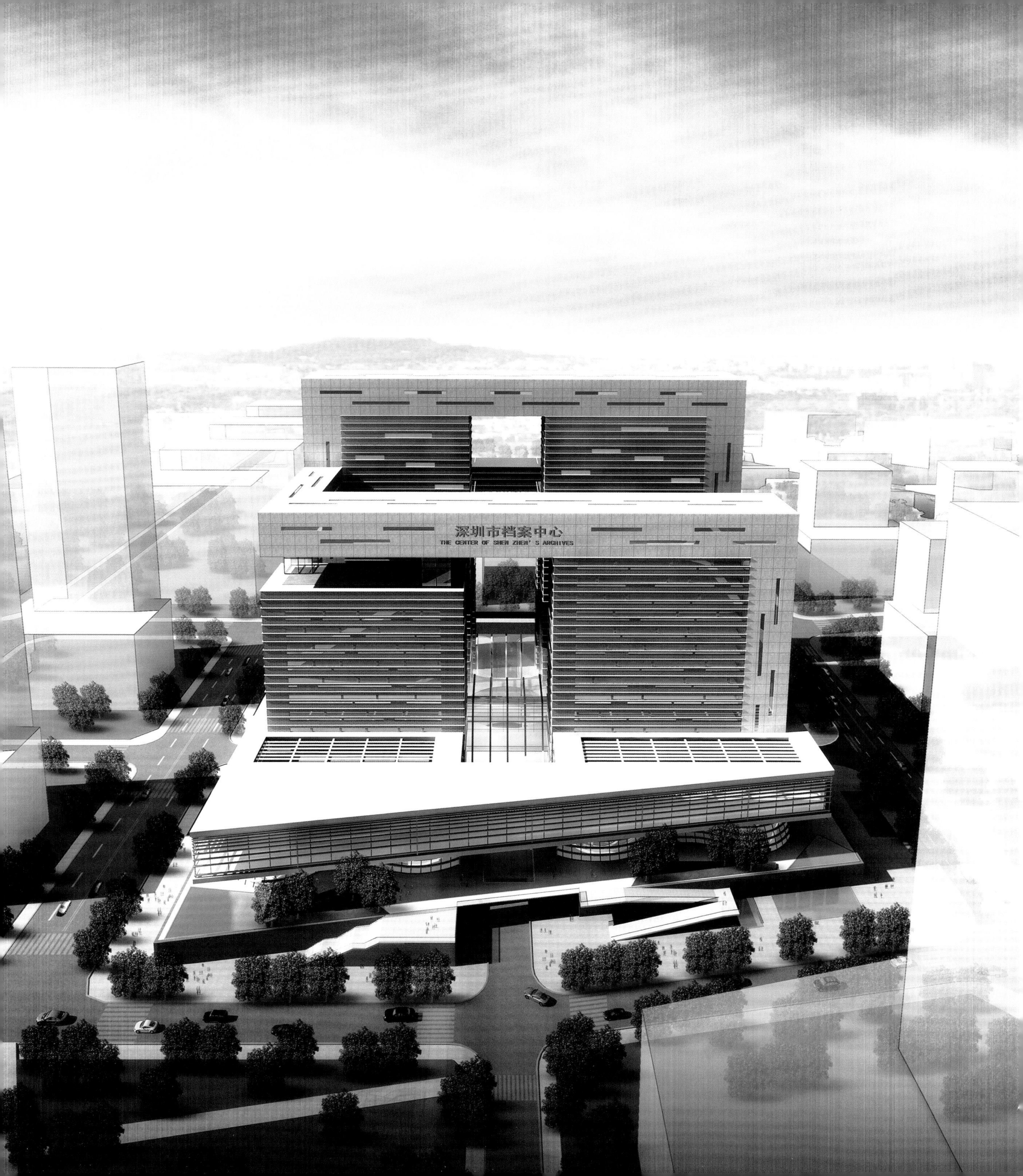
深圳市档案中心
THE CENTER OF SHEN ZHEN' S ARCHIVES

△万利

项目地点

设计时间

建筑面积

委托单位

万利达大

地形方正，由

呈“L”型布置

型仿似一个巨

产品形象，现

呼应。虽然没

许。

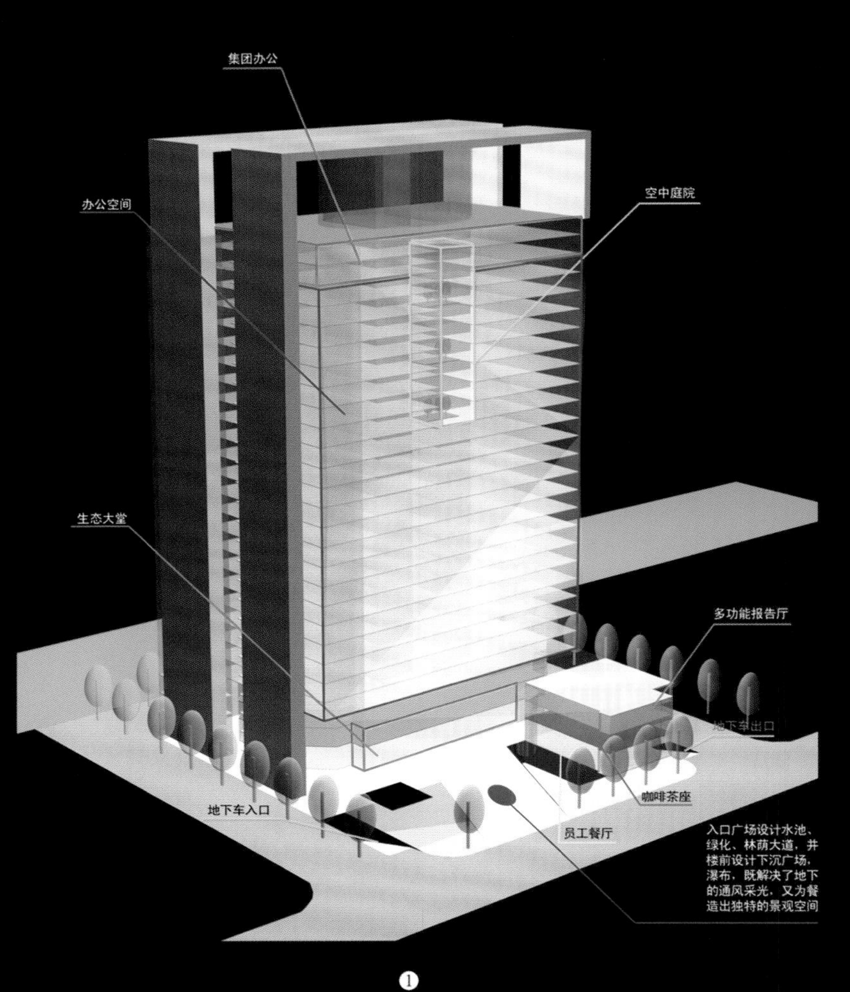

❶

❷

❸

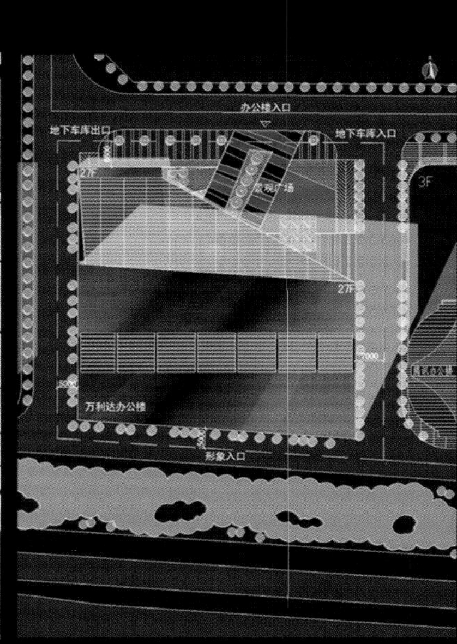

❹

万利达malata

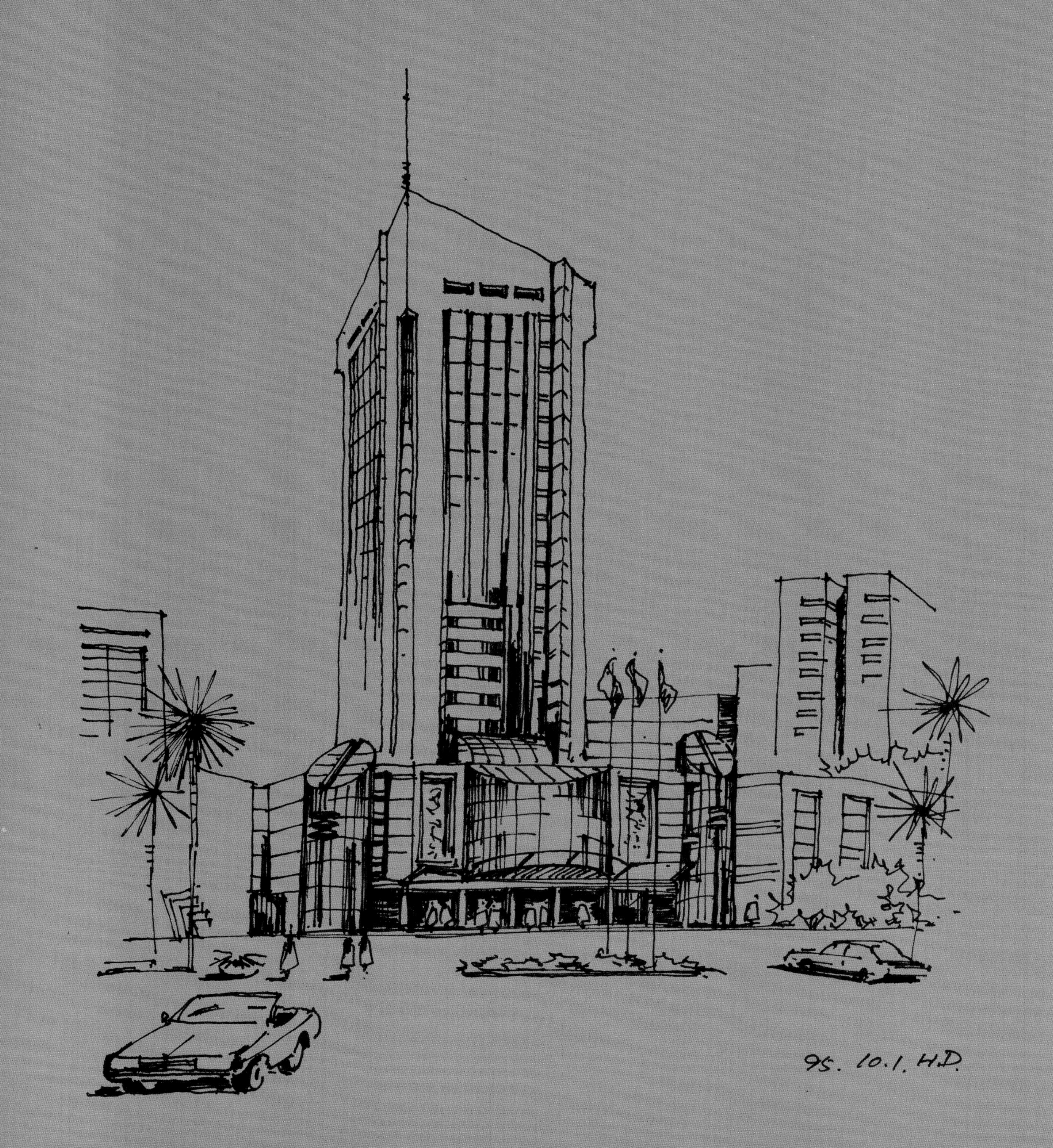
95. 10.1. H.D.

偏：方向偏离，白费工夫

好的方案是一步一步推导出来的，我常说的一句话“方案要先做对再做好”，每一步都不能错，如果一开始方向就错了，后面再多的努力都是白费工夫。天安数码城、漯河市民之家和深圳生态谷花园就是因为方向偏离而落标的。

◇深圳天安数码城

项目地点：广东省深圳市
设计时间：2000年
建筑面积：8万平方米
委托单位：天安数码有限公司

天安数码城是我经历的最精彩的一次竞标。方形用地靠近深南路，附近为高尔夫球场。我们设计了两栋高层，组成了一座大门，侧对主入口，前面留出大片广场，入口关系清晰，造型独特。但竞标的一家英国公司，却注意到了我们忽略的地方，采用高矮不同的手法，巧妙地扩大了办公部分的高尔夫景观面，更为合理地解决了各功能区的关系，赢得最终的设计权。

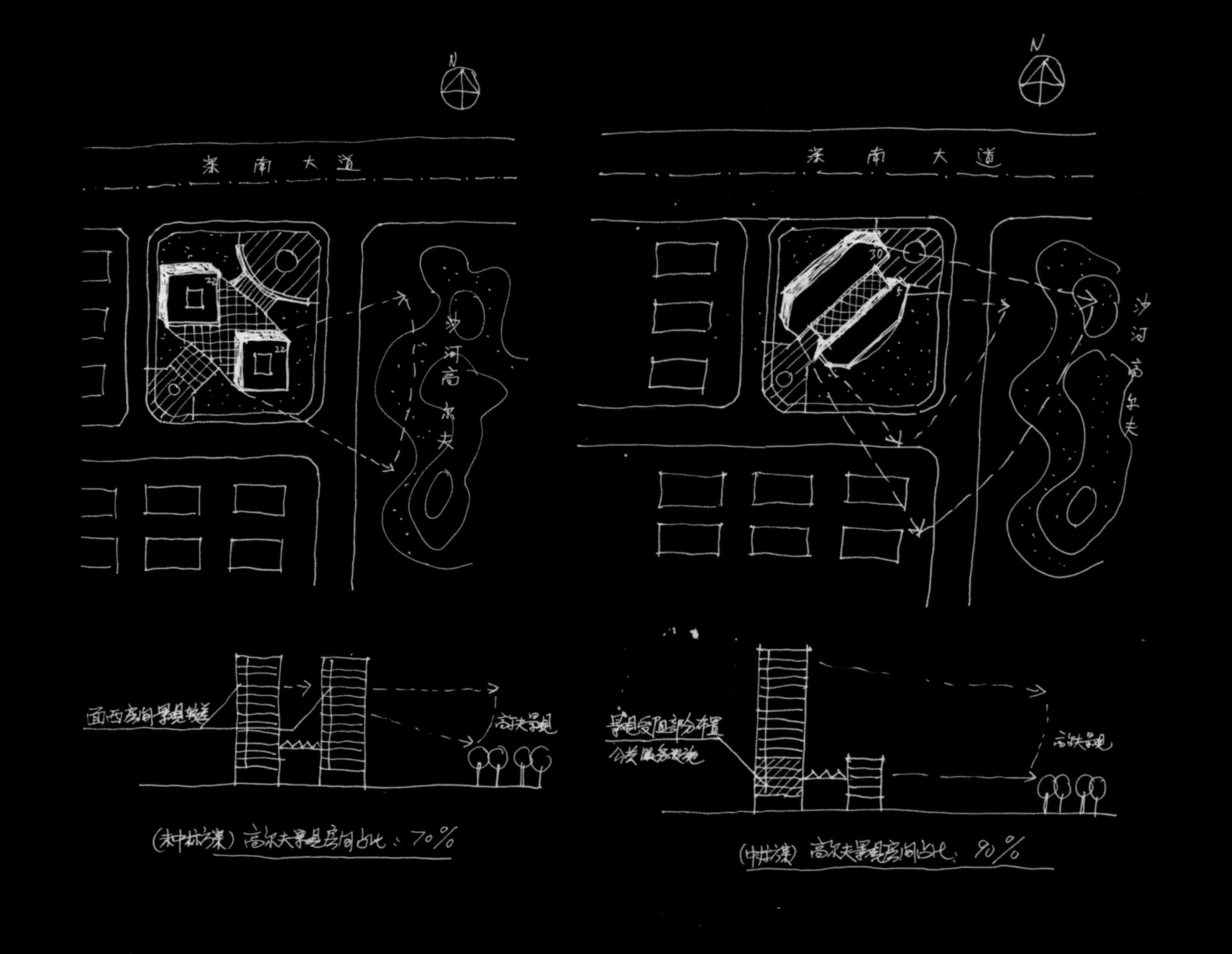

①

②

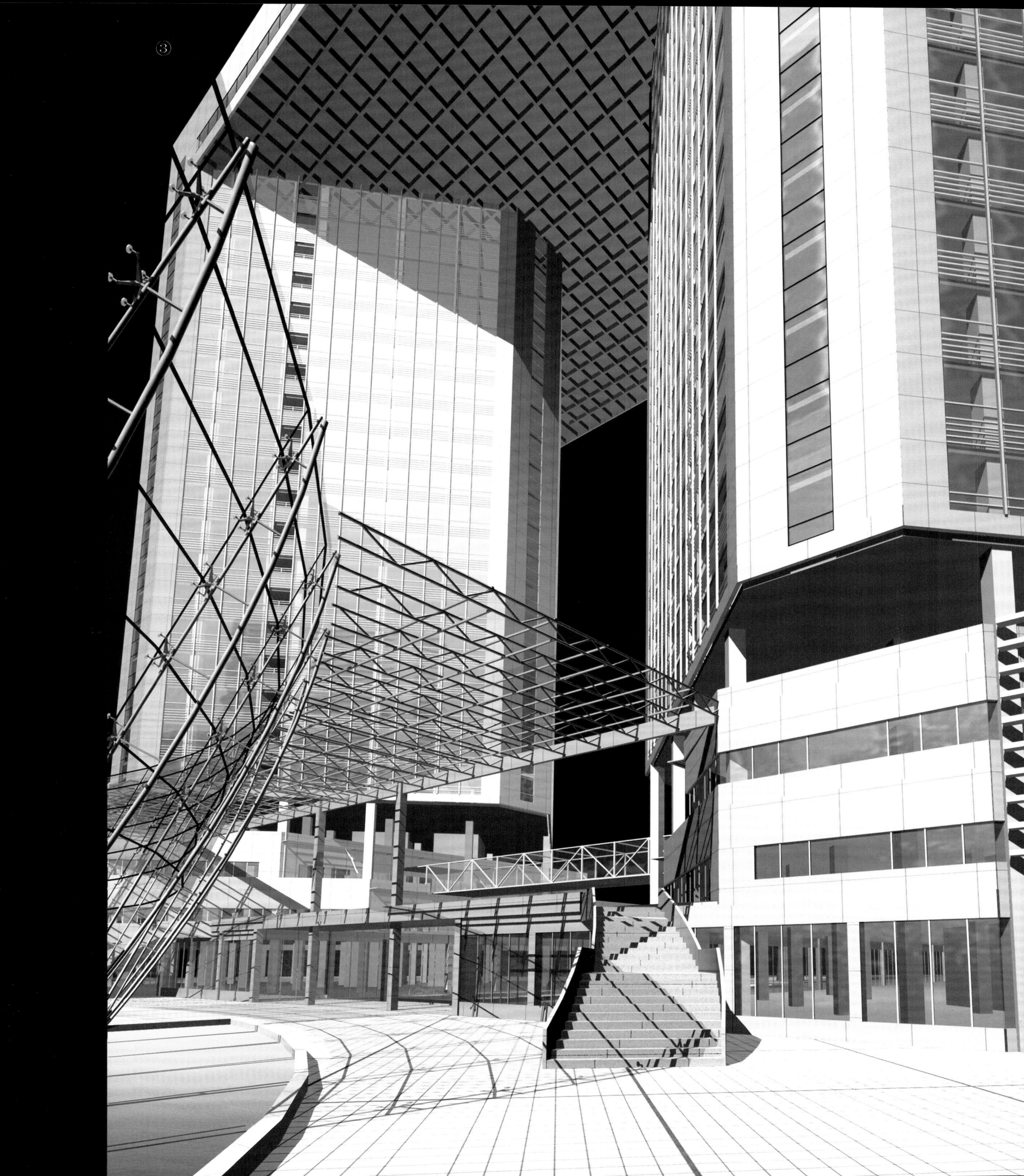

①深南路照片拼贴
②整体透视图
③入口透视图

○漯河市民之家

项目地点：河南省漯河市
设计时间：2014年
建筑面积：20万平方米
委托单位：漯河市政府

漯河市民之家寓意“阳光之花、幸福家园”。由文字广场、市民之家和创意文化园三部分组成。文字广场开扬大气，花岗岩铺地，上刻汉字符号，体现中华文化的特质，八棵汉字图腾，带给人们历史的体验。市民之家位于中心位置，以漯河市花月季为蓝本打造新的城市标志，六片花瓣分为不同职能空间，满足使用要求，中庭式设计使室内充满阳光。创意文化园位于北侧，为市民之家提供拓展服务空间，如两片绿叶衬托出市民之家的中心位置，整体组合关系完整、统一，浑然一体。从整体上看，三部分组成了一个“家”字，并与南侧的博物馆、城市展览馆又组成了一个“园”字，形成漯河独有的文化内涵。建筑融入自然，造化自然，创造了一个具有哲理与个性的环境形态。

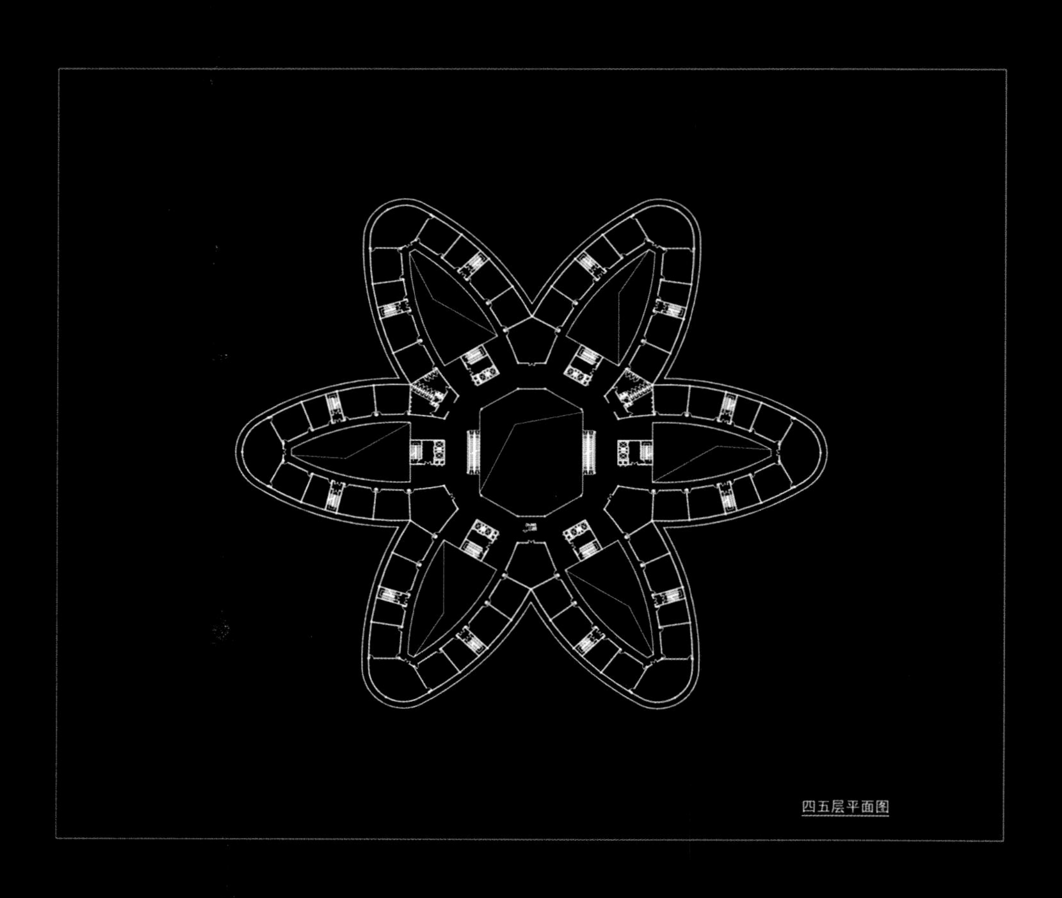

夜景鸟瞰图

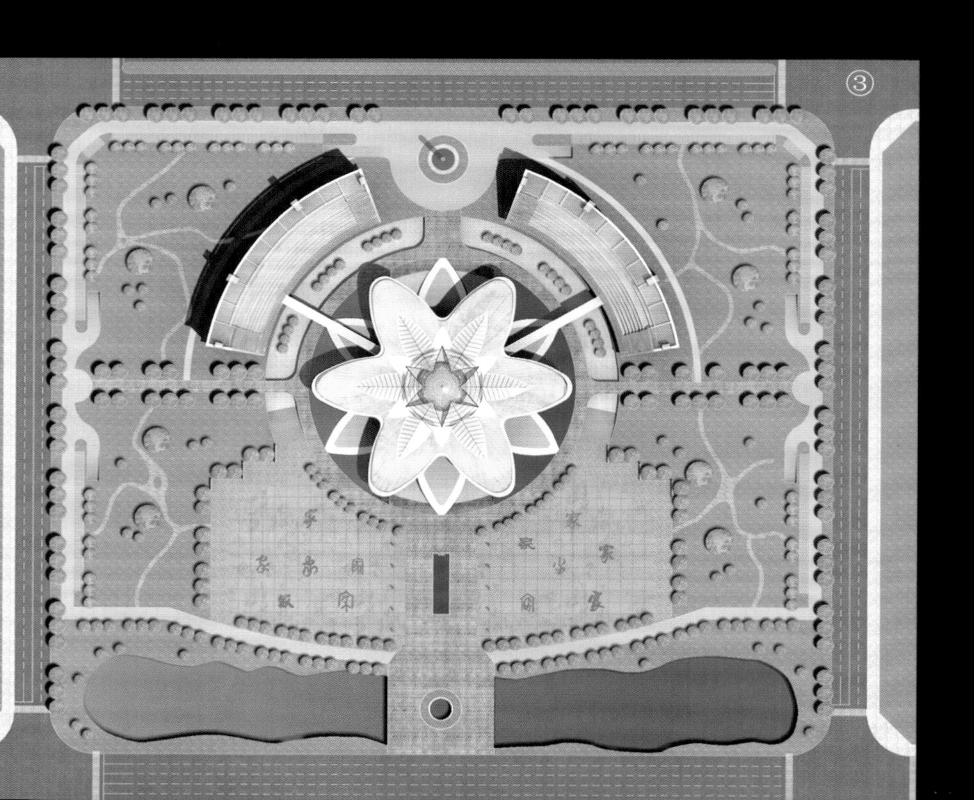

④

①中庭内景
②透视图
③总平面图
④夜景效果图

②

◎深圳市生态谷花园

目地点：广东省深圳市
计时间：2015年
筑面积：40万平方米
托单位：惠州房地产公司

谷项目位于深圳东部，地形高差很要求安排高层住宅、公寓、别墅和商筑面积约40万平方米。我们依据地形低后高，前面布置别墅和商业，后面住宅公寓。由于甲方更加注重别墅布们的方案则更加强调高层，方向性错中标。

②

①总平面图
②花园内景
③街景透视图

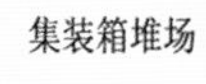

①

居住区用地
农民房
会所
酒店
公寓
商铺
幼儿园
小区主入口
小区出入口
幼儿园出入口
住宅
别墅
X=2524604.619
X=2524606.005
X=2524588.616
Y=481474.789
X=2524525.795
Y=481645.154
X=2524495.304
Y=481662.038
X=2524457.427
X=2524419.007
Y=481724.294
X=2524348.074
Y=481608.961
X=2524293.454
Y=481655.428
X=2524244.056
Y=481683.161
X=2524201.613
Y=481853.058
X=2524185.756
Y=481800.403
X=2524176.330
Y=481859.922
X=2524150.690
Y=481929.173
X=2524087.872
Y=481418.673
X=2524092.014
Y=481836.791
X=2524091.988
Y=481836.792
X=2524092.998
Y=481938.672
51.00
60.34
69.75
68.92
68.66
68.00

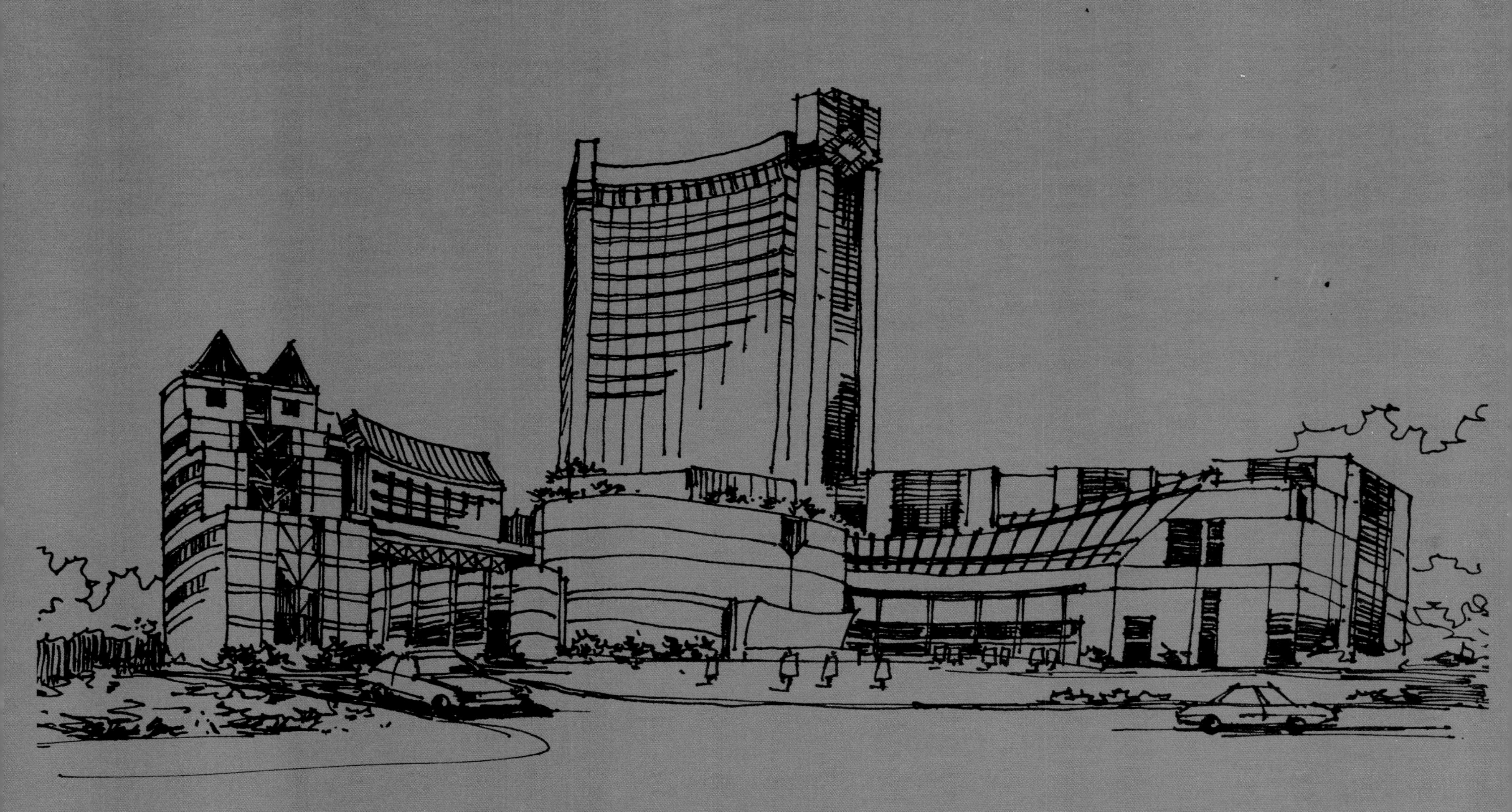
95.9.28. H.D.

瞎：不摸底气，瞎子过河

如果有些项目要投标，你不摸底气，盲目参加，一般情况下都会落标，不能与甲方有良好沟通的，尽量少参加。后方陆域与深大南校区两个项目都是在完全没有与甲方沟通的情况下参加的，结果可想而知。

◇盐田后方陆域搬迁安置工程

项目地点：广东省深圳市

设计时间：2007年

建筑面积：108万平方米

后方陆域位于盐田港后方陆域中部，针对基地分散、数目众多、高层密集的特点，从盐田港整体区域环境出发，采用城市设计的手法，将基地唯一的高层办公楼设计成180米高的超高层建筑，统一布局，整合群体，形成标志性形象。由这一制高点出发引一条斜向轴线贯穿全区，形成“一轴两心”的整体骨架，控制整个构图，加强各个地块之间的有机联系。斜向的短板与灵活跳动的小点相结合，结合地形特征，巧妙布局，充分利用山、海景观资源，形成极富个性的滨海城市天际线。从海上远远望去，如片片白帆迎风而动。环境设计结合整体规划，以几何形为主，并增加特色景点，何氏祠堂、老井广场、村民广场，还原重现旧村生活场景，充分体现对村民精神情感的尊重。生态景观廊贯穿全区，为居民遮风挡雨，是邻里交往的理想之所。

①

②

①整体立面图

②整体鸟瞰图

□深圳大学南校区A、B区

项目地点：广东省深圳市

设计时间：2009年

建筑面积：A区 58564平方米

B区 8144平方米

委托单位：深圳大学

深大南校区设计吸收深大原有建筑现代、清爽、黑白对比强烈、强调体量与立面肌理等特点，结合中国书法，独创出具有时代特点的校园建筑的风格。通过强有力的线条，直线、斜线与曲线的组合，自由奔放、潇洒飘逸配以强烈的形体穿插、对比，塑造水墨狂草的张力与意境，在空间变换的抑扬顿挫之间体会中国书法千年恒久的魅力。投标时，通过了初选。

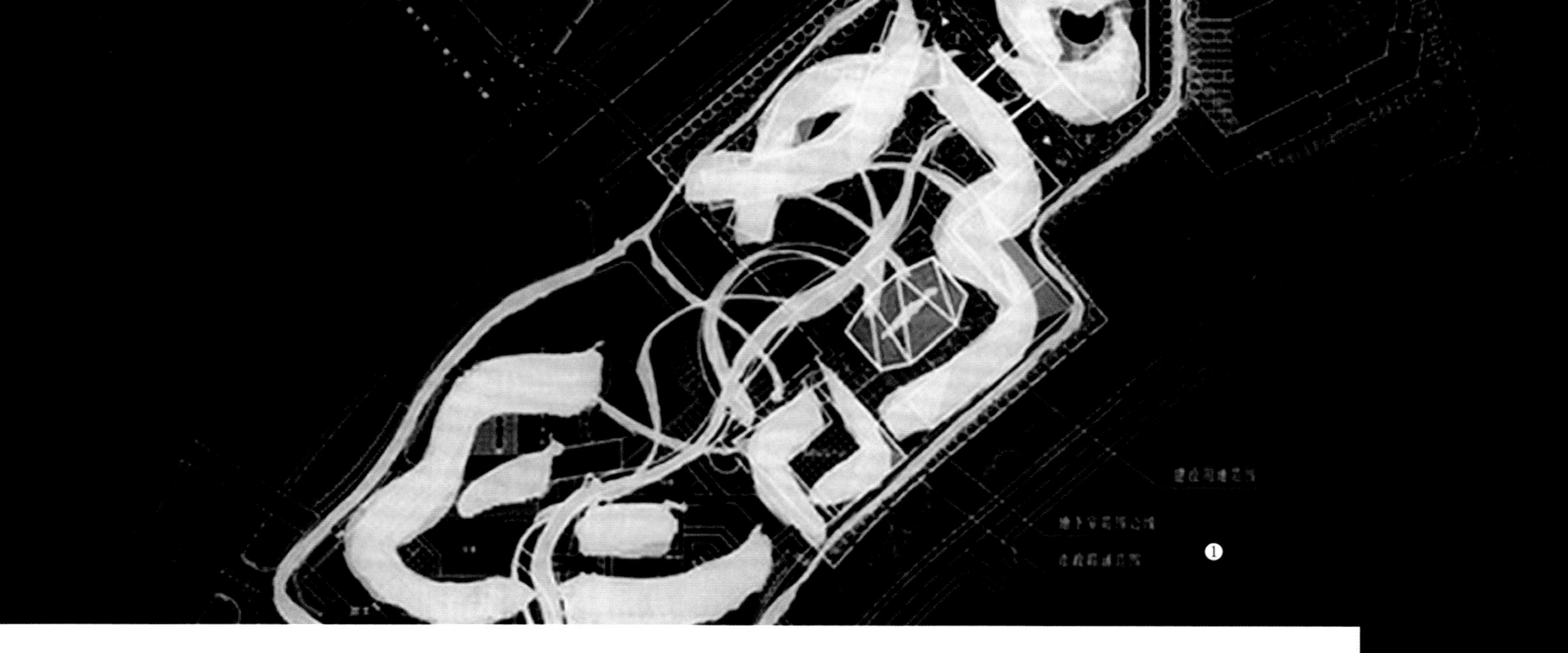

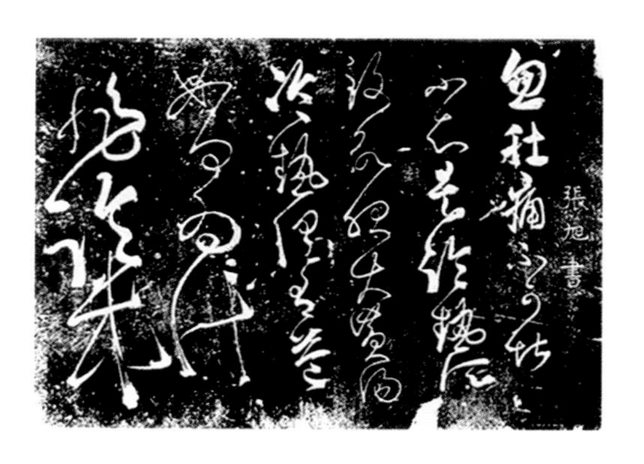

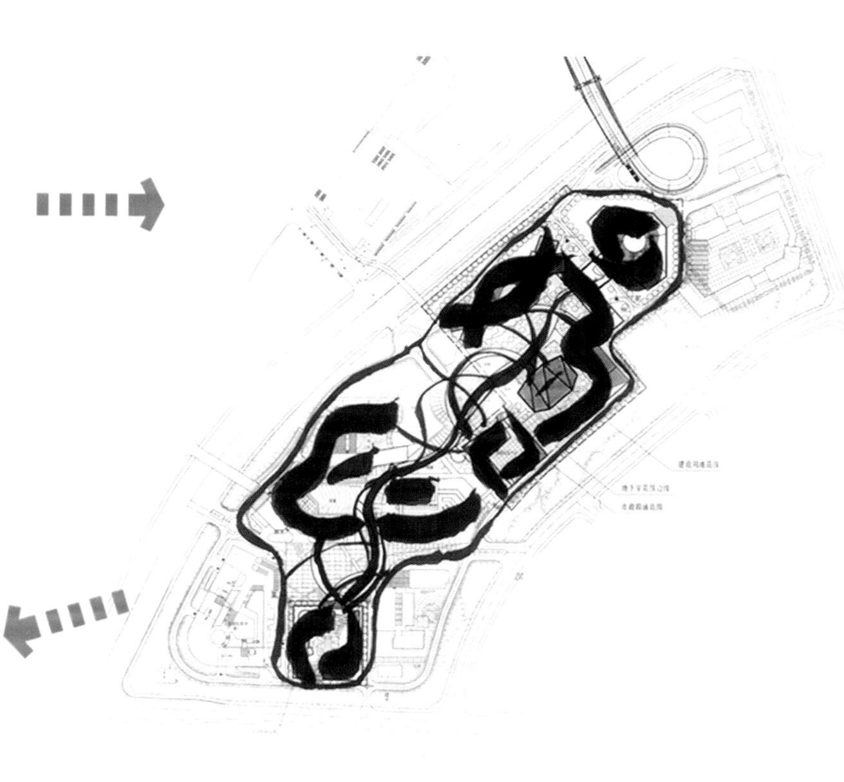

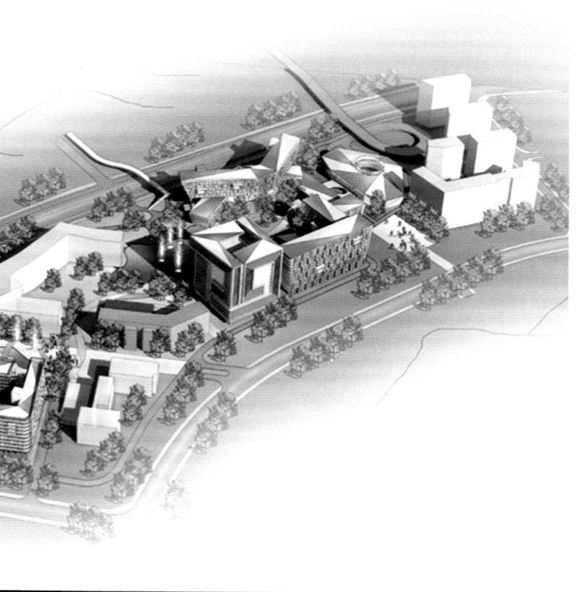

设计灵感：

设计灵感源于唐代大书法家张旭，着力打造现代校园的“水墨狂草”。

设计灵感

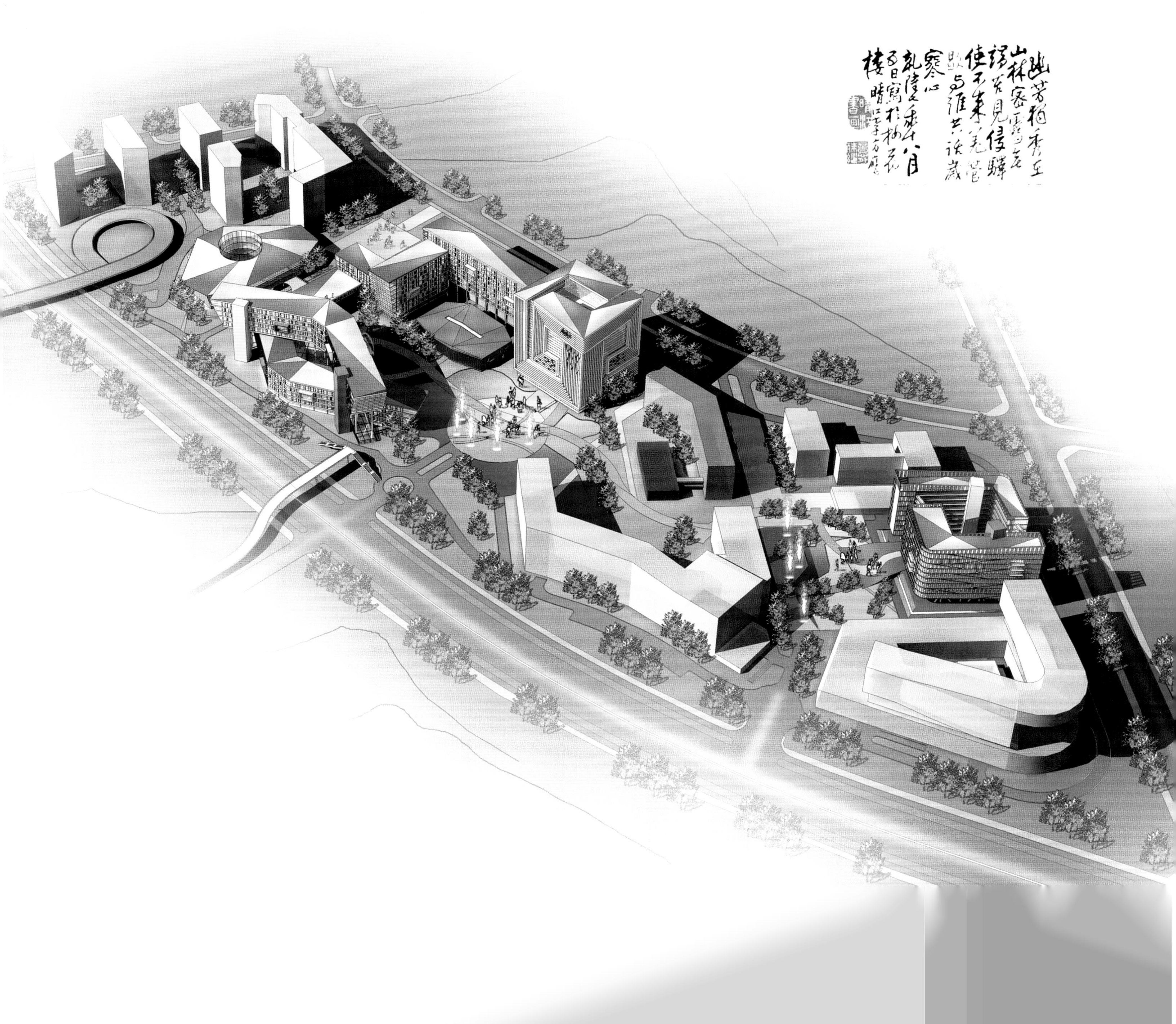

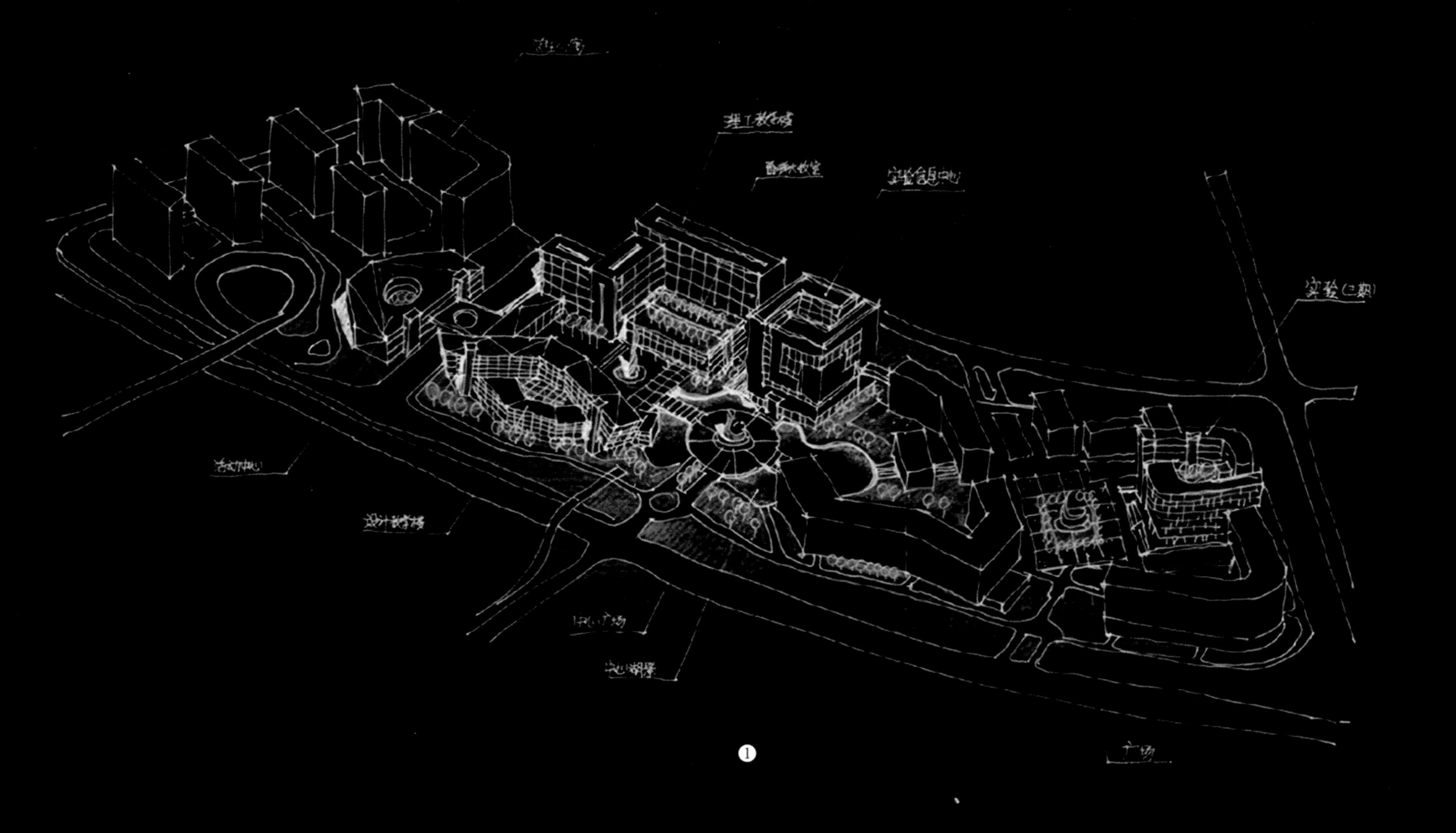

①

①总体构思草图

②设计大楼

①信息大厦
②设计大楼内景
③理工大楼

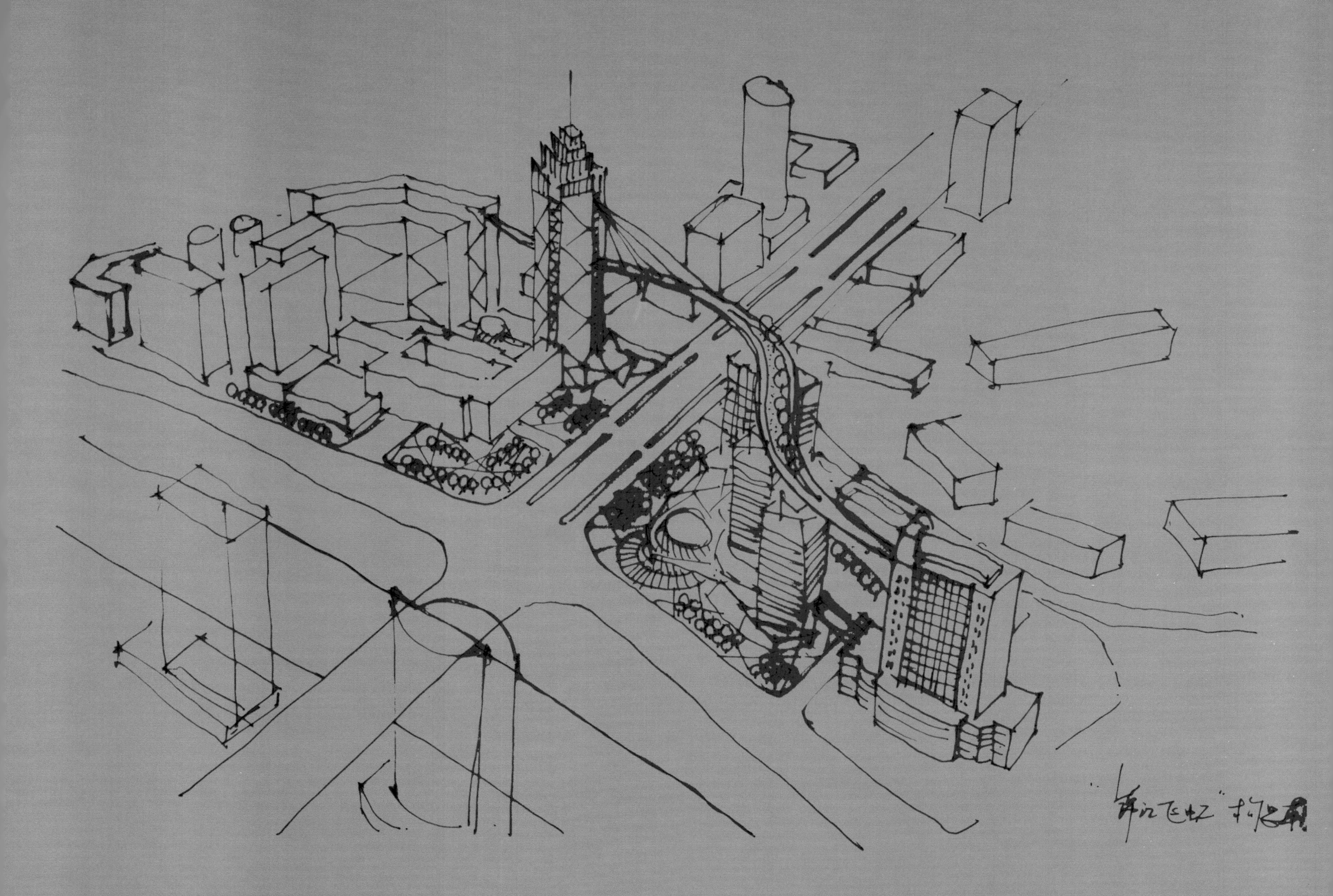
“浦江飞虹”

奈：天有不测，无可奈何

有些项目投标难免有意想不到的情况发生，我总结为天有不测，无可奈何。锦江飞虹和绿叶岛项目就是在交了方案之后，业主方出现了状况，迟迟不能开标，最后不了了之。

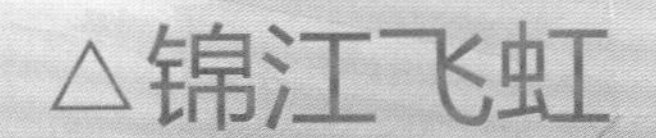

△锦江飞虹

项目地点：四川省成都市

设计时间：2012年

建筑面积：70万平方米

委托单位：四川省旅游集团

锦江飞虹项目位于成都市中心，总建筑面积约为70万平方米，属于超大型城市综合体。地形狭长，容积率高，技术难度大。针对各部分太过分散的特点，我们设计了一条贯穿全区的空中廊道，取名“锦江飞虹”。后由于种种原因，项目一直没有进展。

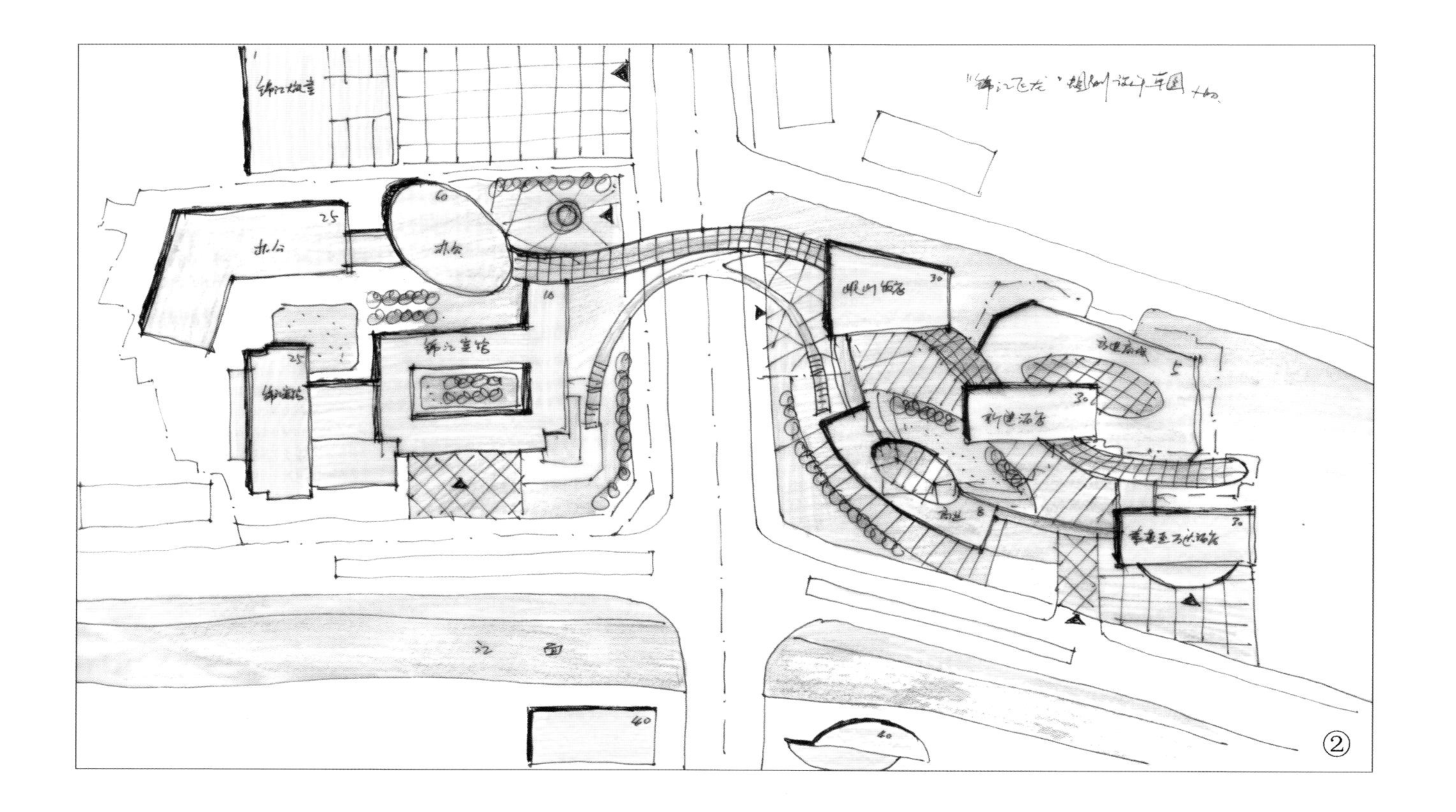

①夜景鸟瞰图

②构思草图

③沿江透视图

△宜春市绿叶岛住宅区

项目地点：江西省宜春市

设计时间：2009年

建筑面积：70万平方米

委托单位：江西省宜春市规划局

绿叶岛项目位于宜春市宜阳新区核心区北侧，基地分为两大一小三块用地。正北面群山环抱，正南面江水秀丽，周边环境优美，交通方便，配套齐全，是建设中高档楼盘的理想用地。造型采用现代风格，强调竖线条与光影效果，黑白灰的色彩配以暗红，低调中体现精致时尚的现代品味。整个方案以绿叶岛为主题，隐喻三片绿叶从远方飘来，降落在宜春市的山水大地之间，带给人绿色，带给人希望，带给人自然的勃勃生机。

THE JINJIANG XIAO QU.
①

②

①构思草图
②花园内景一
③花园内景二

②

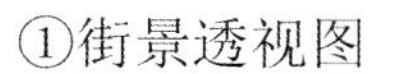

①街景透视图
②花园内景
③手绘总平面图

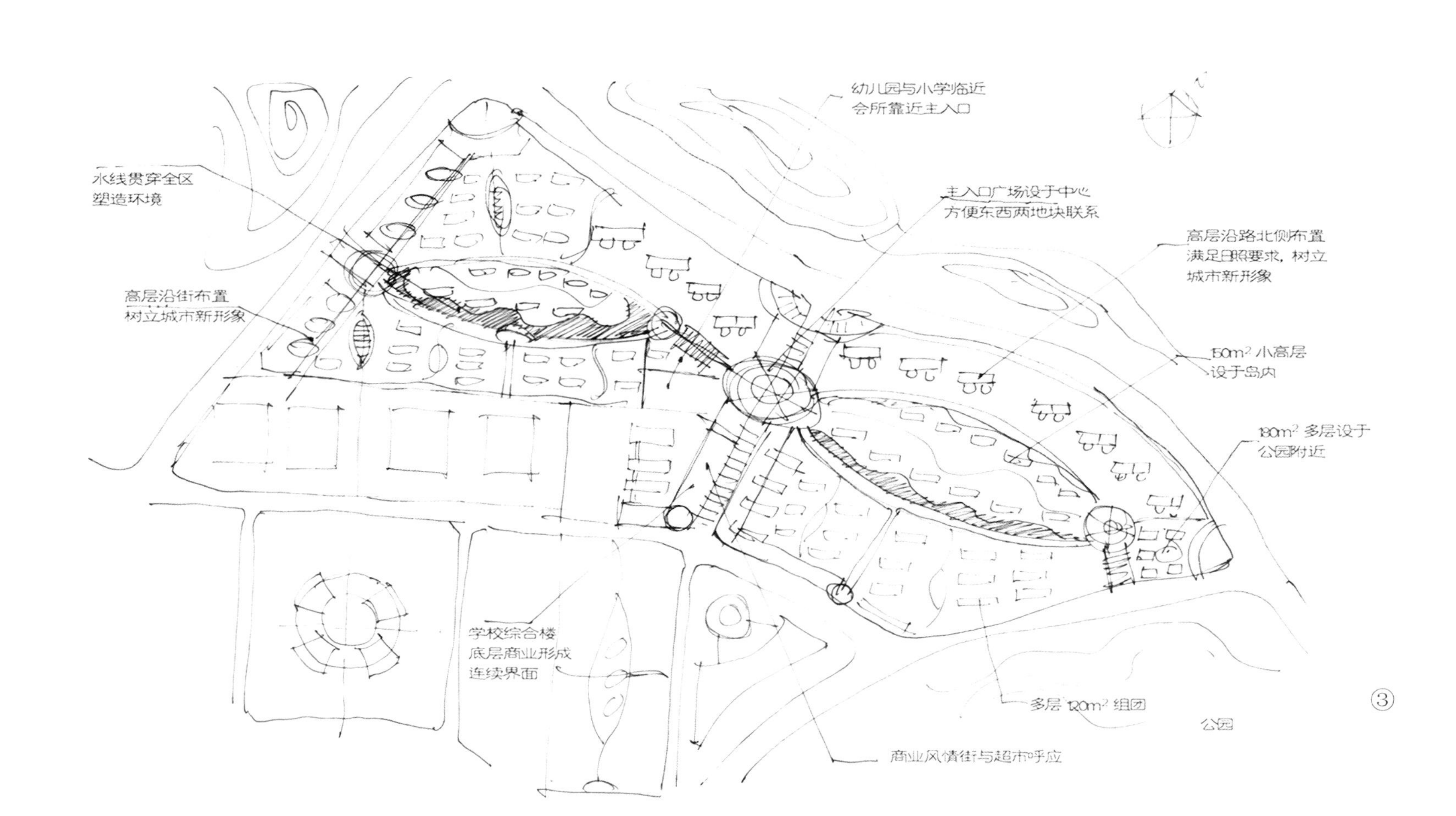

北
外
卢
洲
道
市公路局
22F
4F
18F
地税局
移动公司
22F
小学
青
山
路
文化艺术中心
府
路
3F
10F
4F

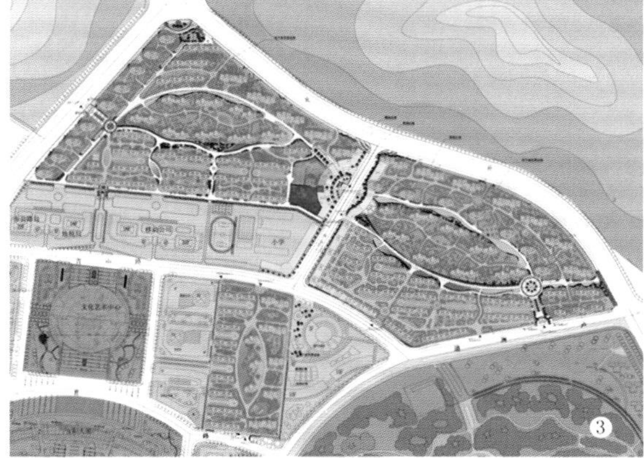

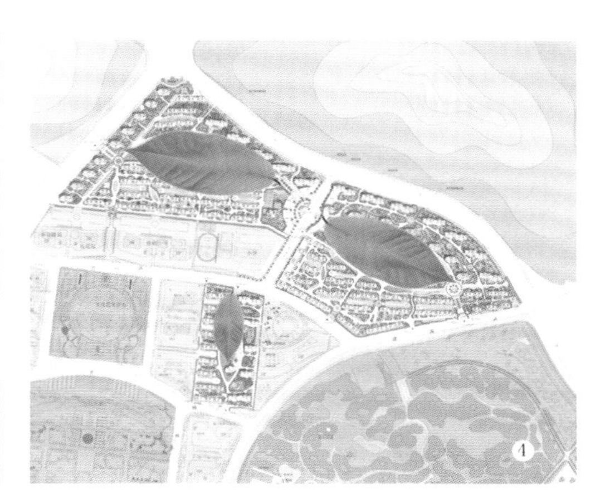

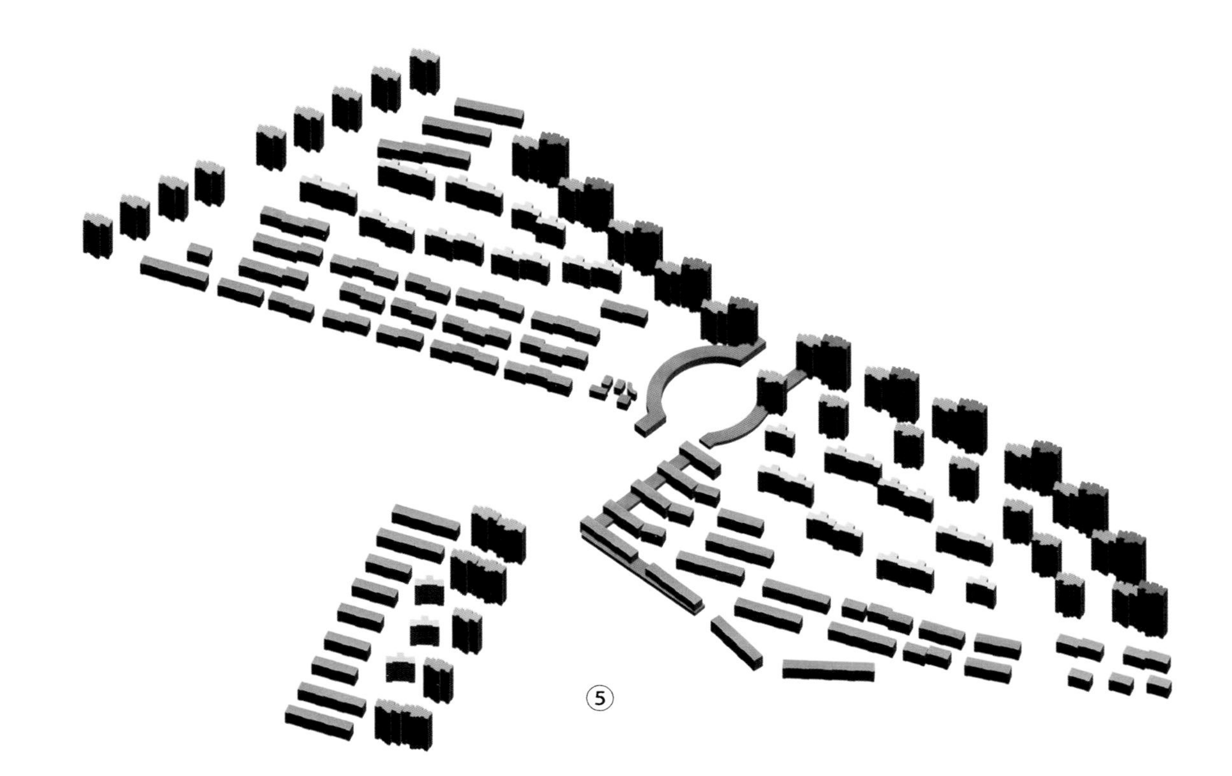

①总平面图

②③④分析图

⑤户型分布图

22层高层住宅

18层高层住宅

11层高层住宅

6 层住宅

4+1 层住宅

○漯河市沙河湾一号

项目地点：河南省漯河市

设计时间：2015年

建筑面积：50万平方米

委托单位：河南鑫昊房地产公司

漯河小李庄位于河南漯河沙河北侧老城区中心，靠近市政府，地形呈长方形，位置显要，交通便利，景观优美，商业繁华，是打造高尚住宅的理想用地。小区规划设计从整体出发，立意在先，以人为本，以整体社会效益统一为目标，精心处理好“人—建筑—环境”三者之间的关系，强调人与自然的亲近并注重高质量的生态居住环境。从居住者的角度进行思考，全方位打造漯河最佳居住小区。规划上，根据基地特点，将商业区、回迁区和住宅区由西向东依次排开，功能分区清晰合理，且互不干扰。景观设计利用传统园林小中见大、虚中有实、实中有虚、迂回曲折的造园手法，塑造出极具文化品味的高尚小区环境。

①鸟瞰图
②超高层透视图

玉名市立历史博物馆.

低：低级错误，非常可惜

几乎每次竞标都会有个别设计单位出现很低级的错误，从而造成废标。常见的错误有：包装不合格、弄错了交标时间、缺少签字盖章等等，主要还是因为看标书不仔细造成的，所以项目负责人一定要读懂标书，仔细阅读注意事项，并把好最后出图关。

宝安N28中学项目因不熟悉深圳新修改的规则，投标员晚到了3分钟，造成废标，十分惨痛。项目位于宝安中心区西侧，周边临近多个住宅，交通便利、位置显要，是建设学校的理想用地。经多种方案比较，本案将运动场居中南北向布置，巧妙地将地块划分成三个部分，沿用地中部规划横向轴线，与南北向运动场形成的T字形控制线，将整体布局在竖向上分为小学区、中学区，相对独立，互不干扰，便于日常教学和管理。横向上分为教学区、运动区、后勤区，使得功能分区明确，动静分布合理。一条连廊，将各部分紧密联系在一起，完成整个构图。本项目总体色调以白、灰为主色调，色彩淡雅，与局部红黄蓝三原色形成的体块有机搭配，黄色活泼，代表小学生，红色热情，代表中学生，蓝色沉稳，代表教师。局部穿插绿色百叶，以体现和塑造滨海文化建筑的轻灵感觉。屋架巧妙地采用斜线手法，象征鸟的羽毛，丰富了建筑的第五立面。总体的建筑布局和造型形似一只振翅欲飞的海鸥，矗立在美丽的海边，这只海鸥以知识为力量，即将展翅迎接生命的挑战，搏击风浪，勇敢飞翔。

△宝安N28中学

项目地点：广东省深圳市

设计时间：2008年

建筑面积：8万平方米

委托单位：深圳市教育局

技术经济指标一览表

项目			计量单位	建筑面积	备注
规划总用地			㎡	27902.20	
总建筑面积			㎡	24024.95	
计容积率建筑面积			㎡	20935.33	
其中	教学区	小学（含食堂）	㎡	5811.58	
		中学（含食堂）	㎡	6370.51	
		办公	㎡	2206.60	
	运动区	体育馆	㎡	3808.38	
	生活区	宿舍	㎡	1073.40	
		食堂	㎡	320.53	
		教工之家	㎡	230.43	
		其他辅助用房	㎡	313.50	
不计容积率建筑面积			㎡	3089.60	
其中	设备用房		㎡	225.00	
	地下车库		㎡	1285.28	
	架空层活动场地		㎡	1094.32	
容积率				0.75	
建筑覆盖率			%	23.6	
建筑高度			m	23.45	
绿地率			%	31.78	
停车位			个	76	
其中	地面停车位		个	30	
	地下停车位		个	46	
自行车			个	200	

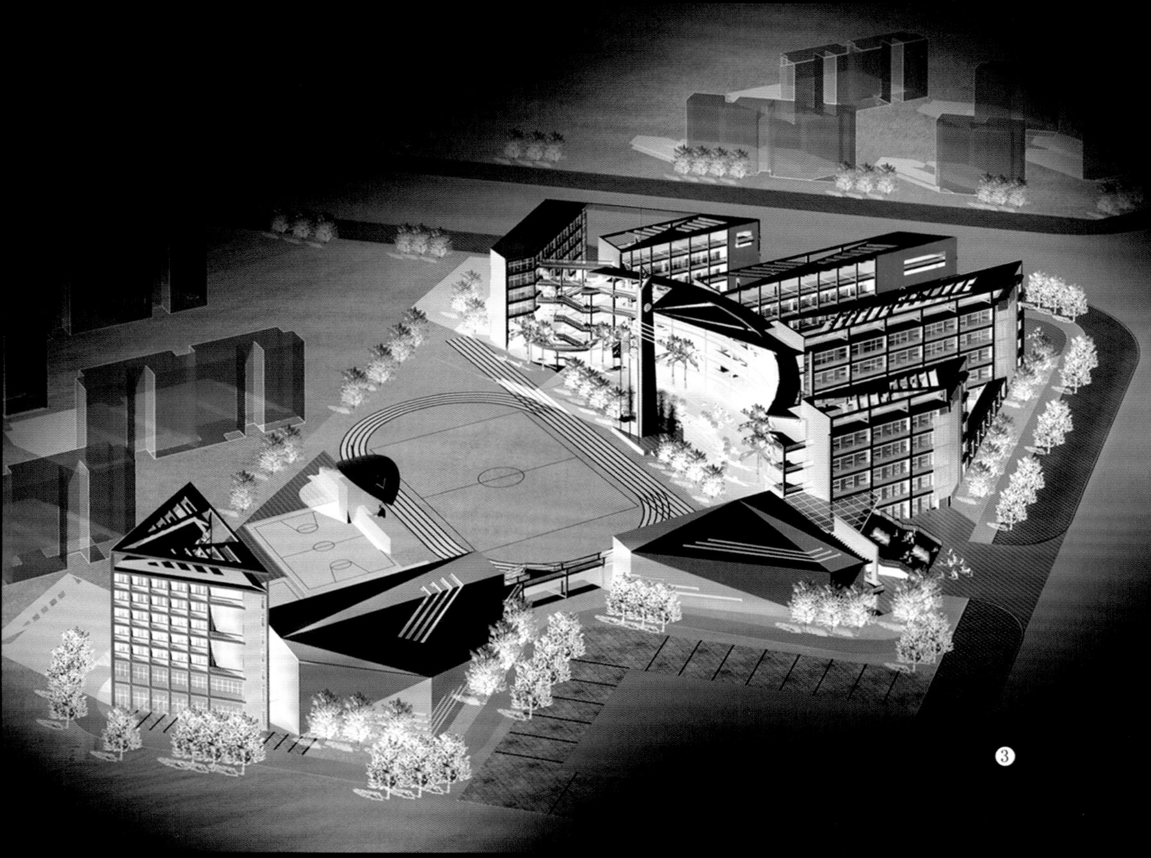

2

〇宝安检察院办公楼

项目地点：广东省深圳市

设计时间：2016年

建筑面积：1.6万平方米

委托单位：宝安检察院

宝安检察院项目位于宝安中心区，地形呈长方形。检察院是中国司法体系的监督机制，其职能上集中体现为力量、公平、透明、方正。本设计正是基于这些特征展开的。建筑形体以一个长方体为雏形，根据功能特点分为上下两部分，上部分为普通办案区，下部分为核心办案区，上下脱开，南北错位，使南面形成景观平台。平台之上可自由欣赏对面的园林景观，上部分形体尽量北移，远离旁边法院办公楼的视线干扰，并在主入口广场上方形成巨大的灰空间，以突出建筑的威严与气势。下部分东西两侧内收，使整个建筑呈天平形状，象征执法公平。努力营造出国家执法机关具有的鲜明特点，方正、威严、透明、公正，并着力为宝安塑造一个广东地方执法部门的经典典范。

宝安检察院
AIDC
AIDC
MSB

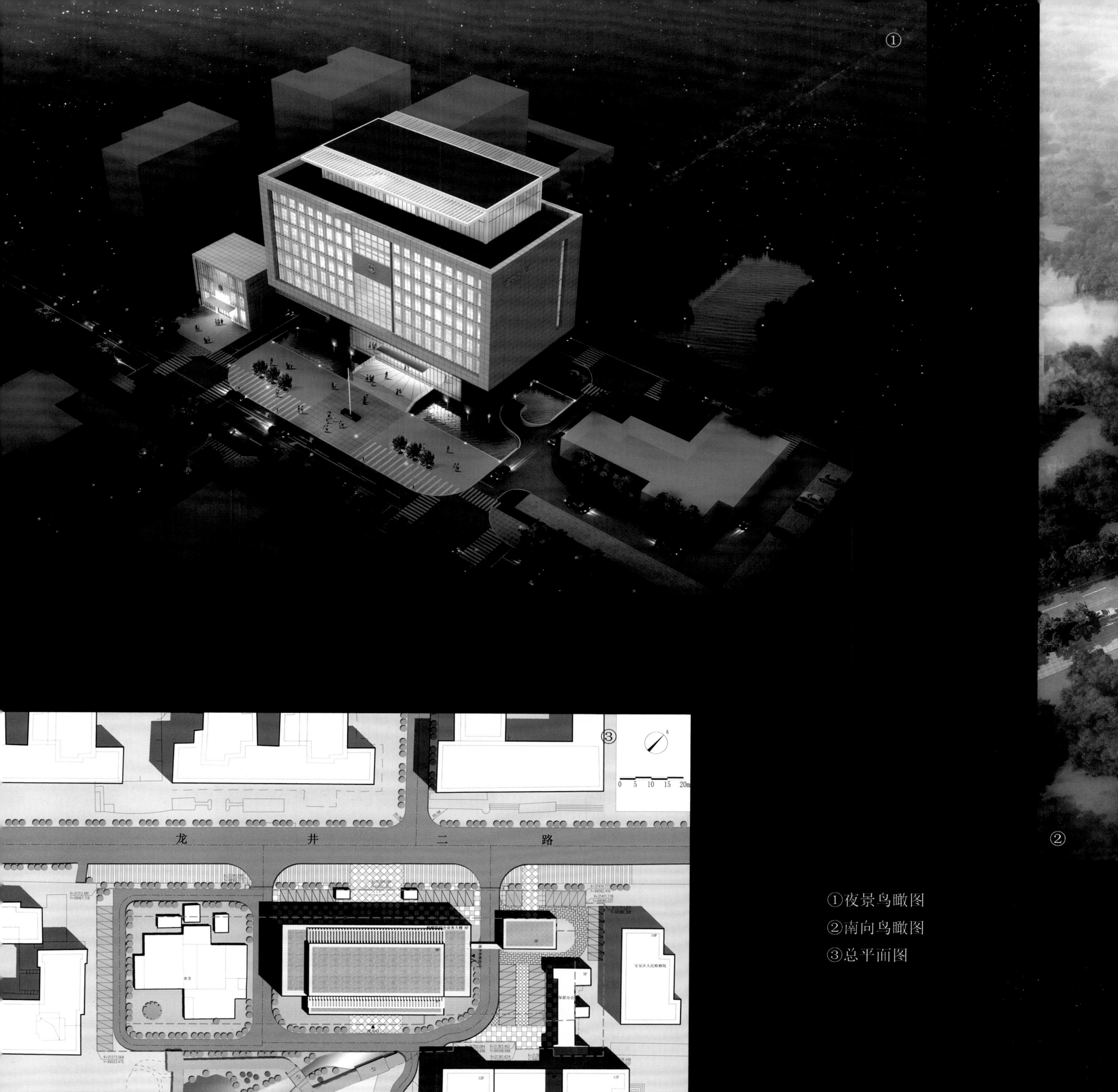

①夜景鸟瞰图
②南向鸟瞰图
③总平面图

☆绿岛山影

项目地点：广东省惠州市

建筑面积：30万平方米

完成时间：2005年

委托单位：TCL集团房地产有限公司

本案位于惠州仲恺工业园内，地形呈长方形，南侧为已建住宅小区，东侧有绿色山坡景观。设计根据地形特点，在用地中心设计主要景观，两个绿岛。围绕绿岛布置建筑组团，外高内低，中心突出，主入口定于西南角，一条斜向轴线贯穿全区，与周边小岛形成极富特点的空间组合。

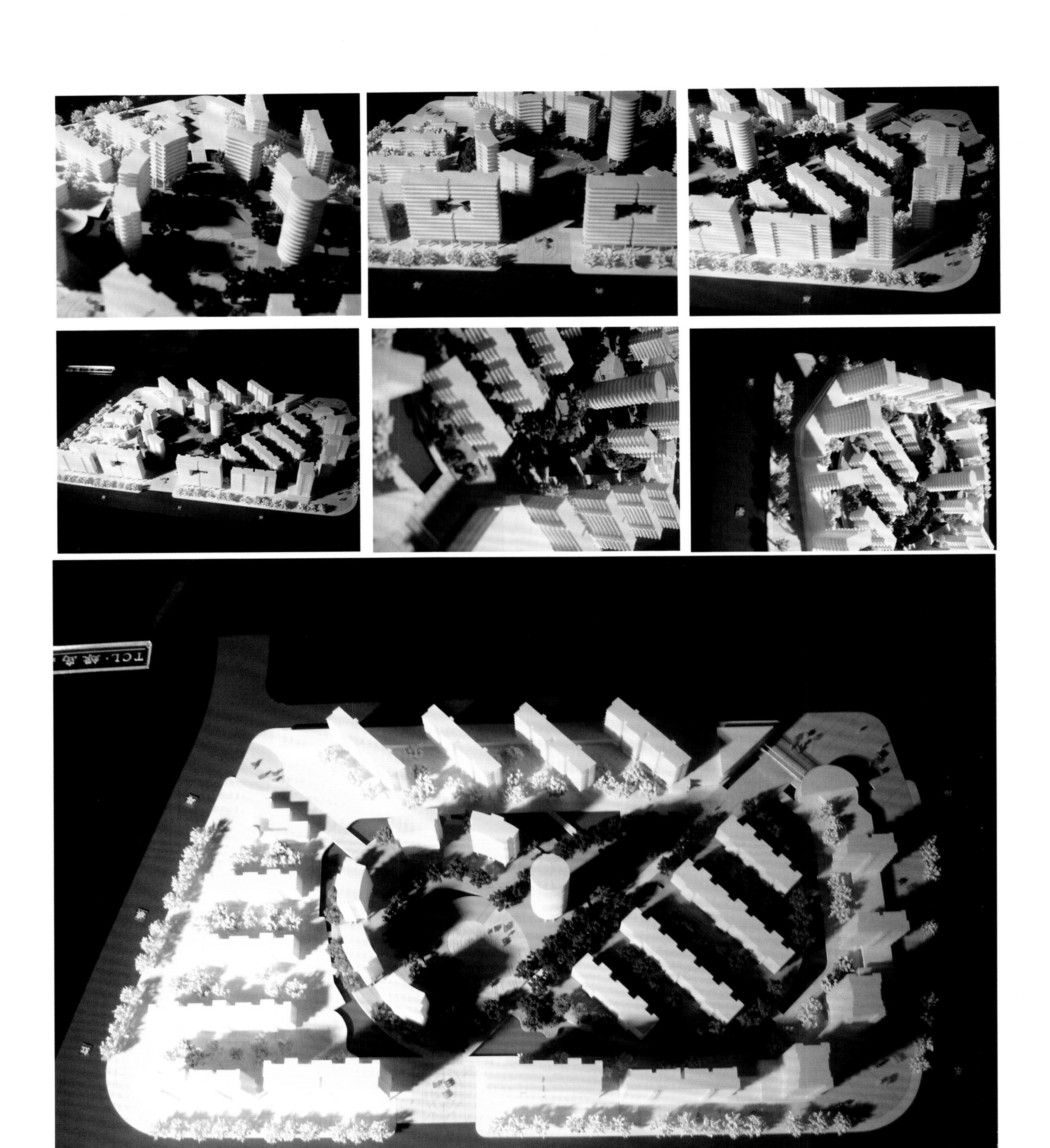

①总平面图

②街景透视图

③工作模型

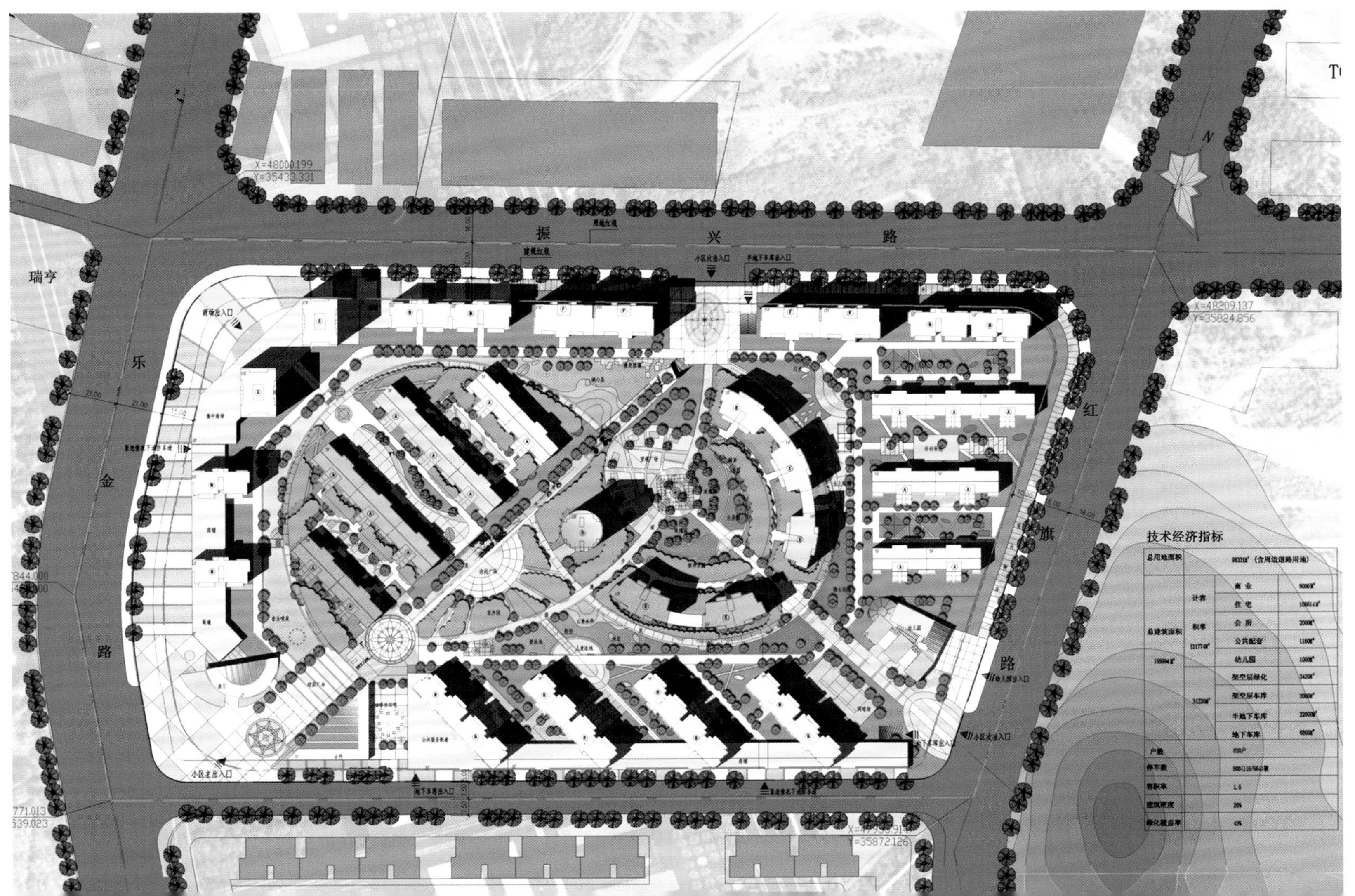

EMPIRE-STAE
95.9.27.HD.

超：太过超前，无法实现

太过前卫的设计也是投标时经常犯的错误，特别是近期流行的异形建筑，使工程造价升高，施工技术难度加大，从而造成落标。作为建筑师应当特别注意，建筑设计是综合性的艺术，不同于雕塑，其经济性与技术性占很大的比重，切忌不合实际的超前设计。江苏软件园基地和秀水商城就是由于太过超前，甲方无法接受而落标的。

◇江苏数字信息产业园

项目地点：江苏省无锡市

设计时间：2008年

建筑面积：35.5万平方米

委托单位：深圳市清华研究院

江苏软件基地项目位于江苏省无锡市惠山城区，基地形状呈四边形，巧妙地利用地形中的原有水系设计“生态树岛”。将总部基地的别墅群置于岛上，争取最大景观价值。外围设计办公楼，形成外高内低的布局，使人们进入园区仿佛置身于公园一样，体现出小桥流水人家的江南画境，临湖布置一期组团，利用现代、时尚、夸张的手法打造高科技产业区。

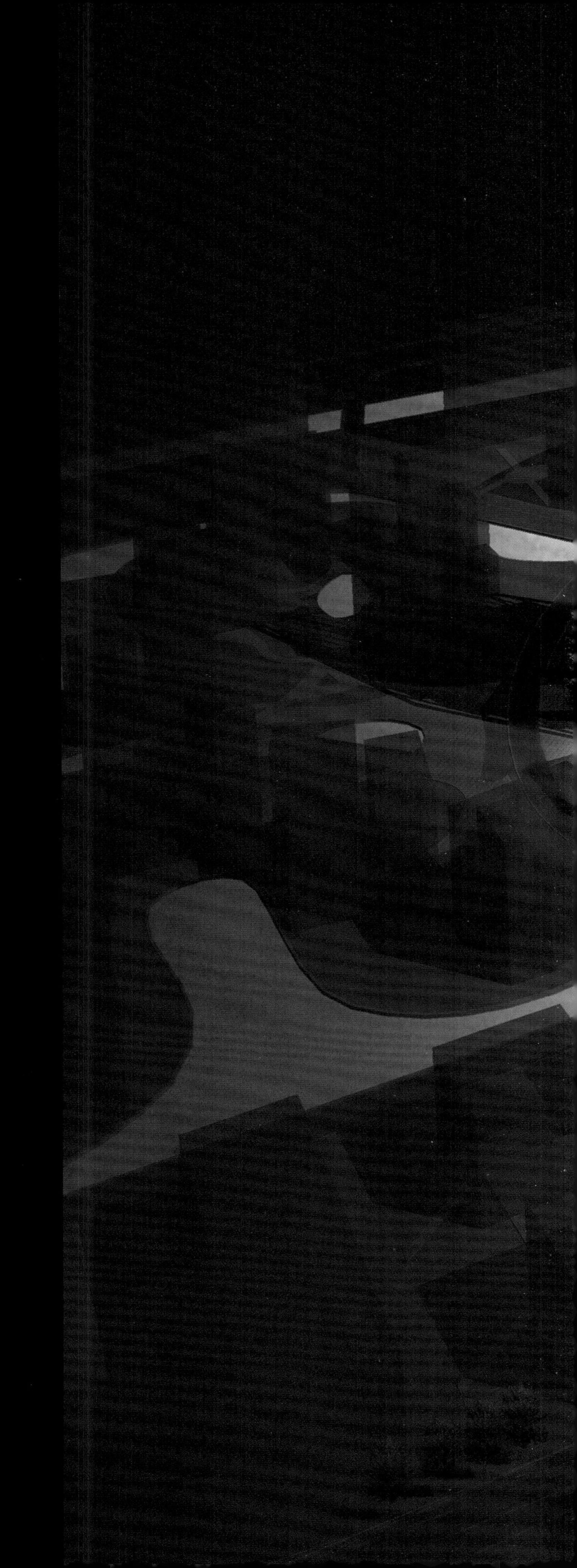

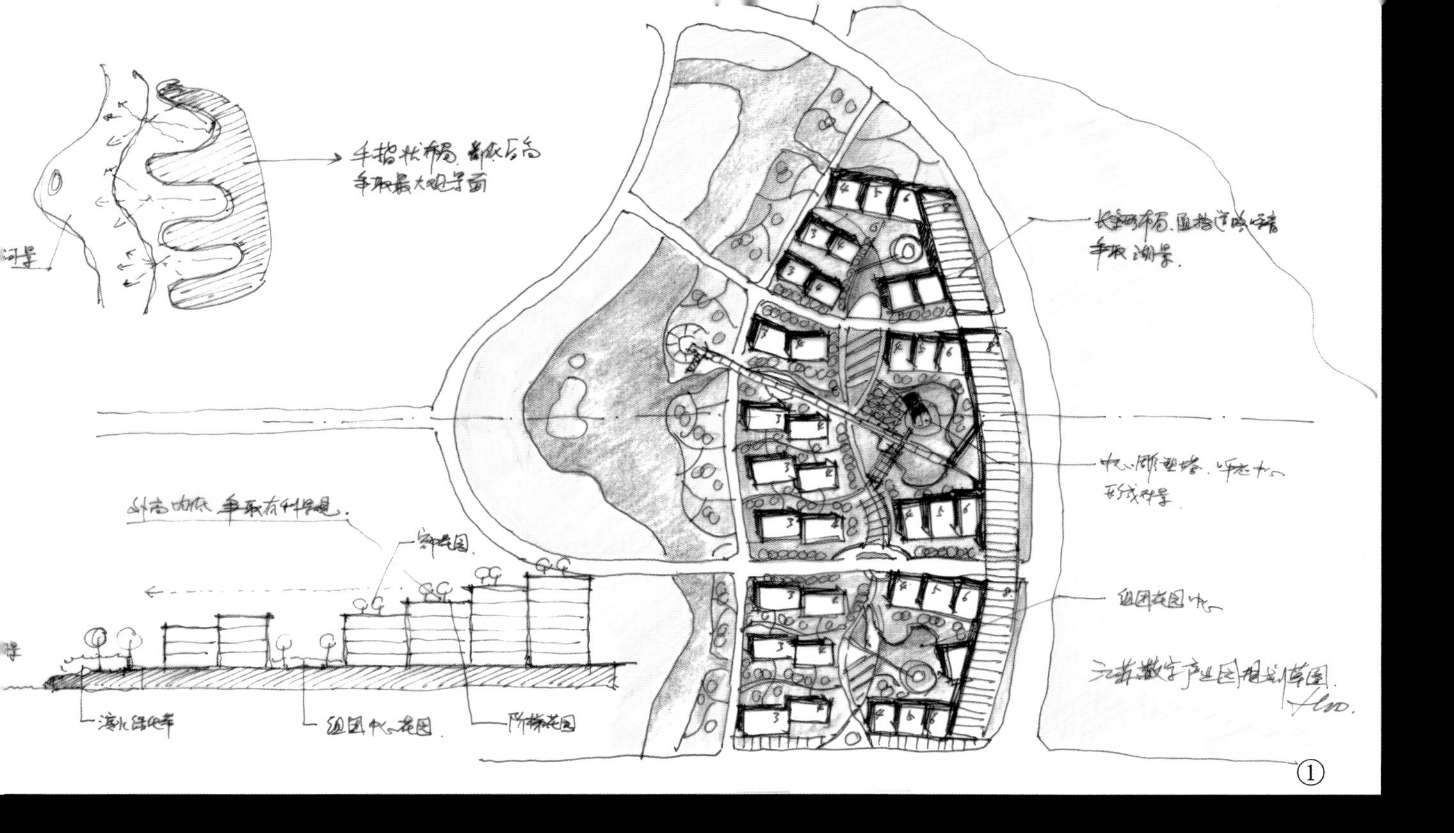

①构思草图
②总平面图
③总体鸟瞰图

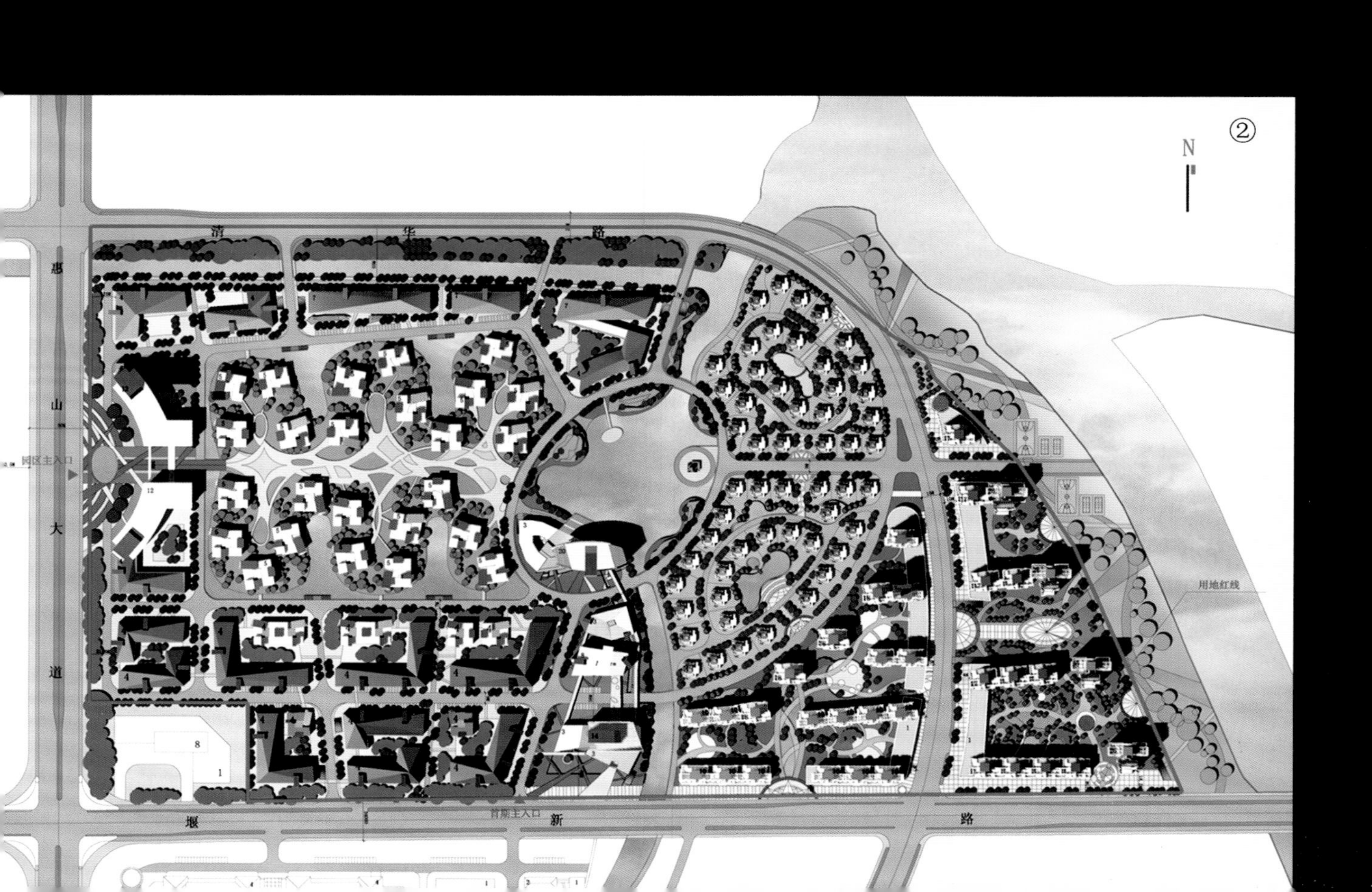

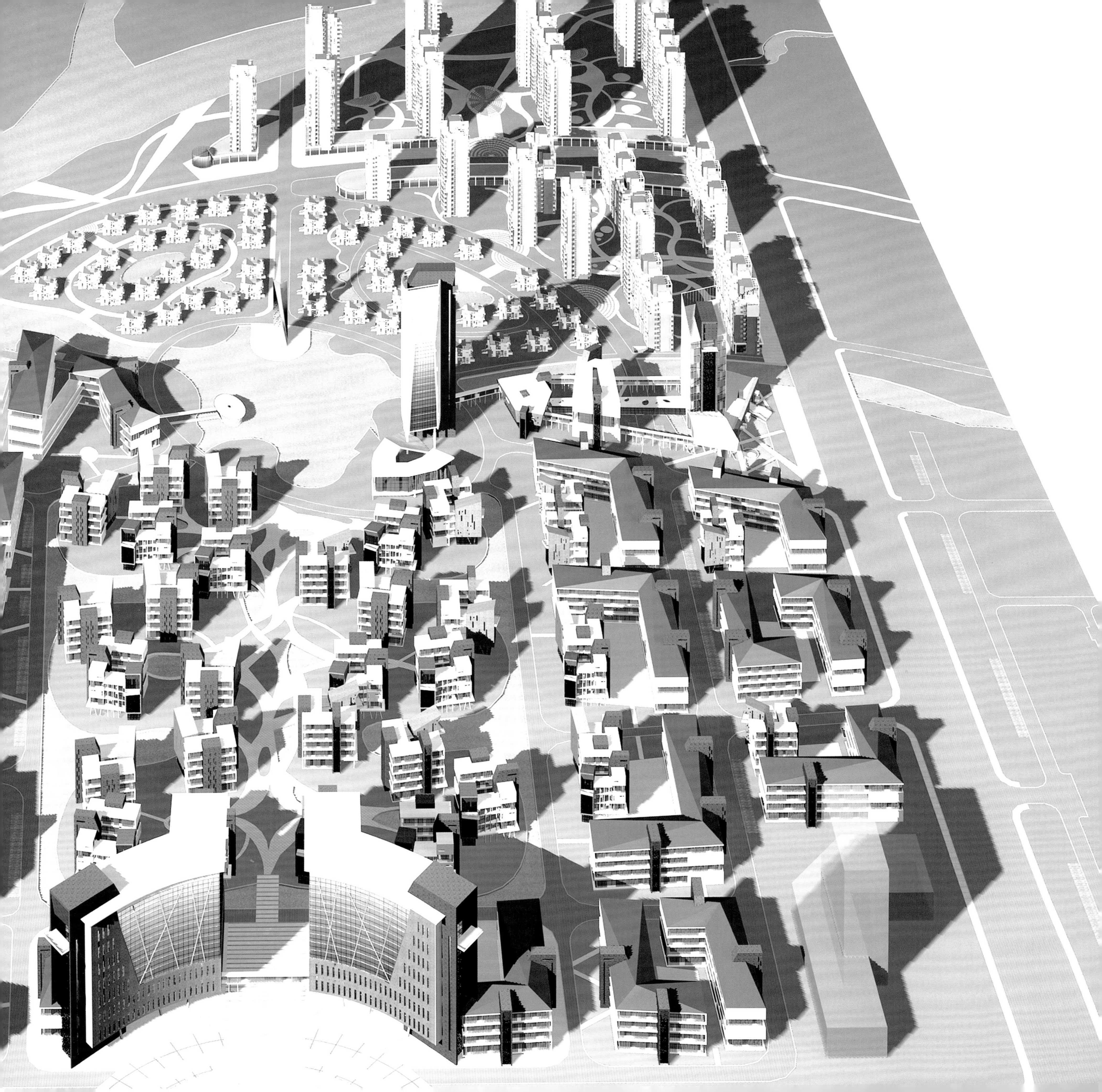

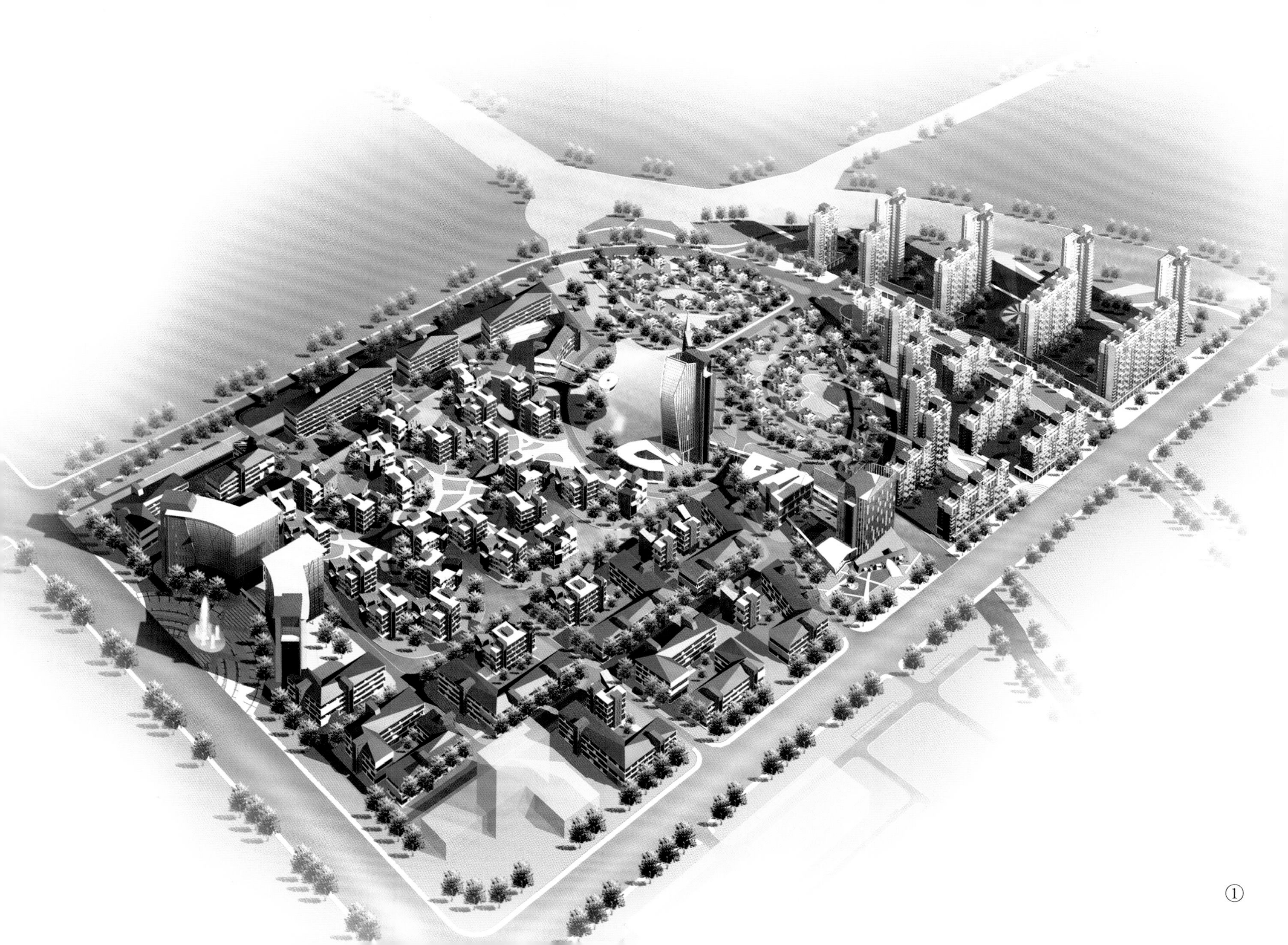

①

①滨水商业广场

②一期总平面图

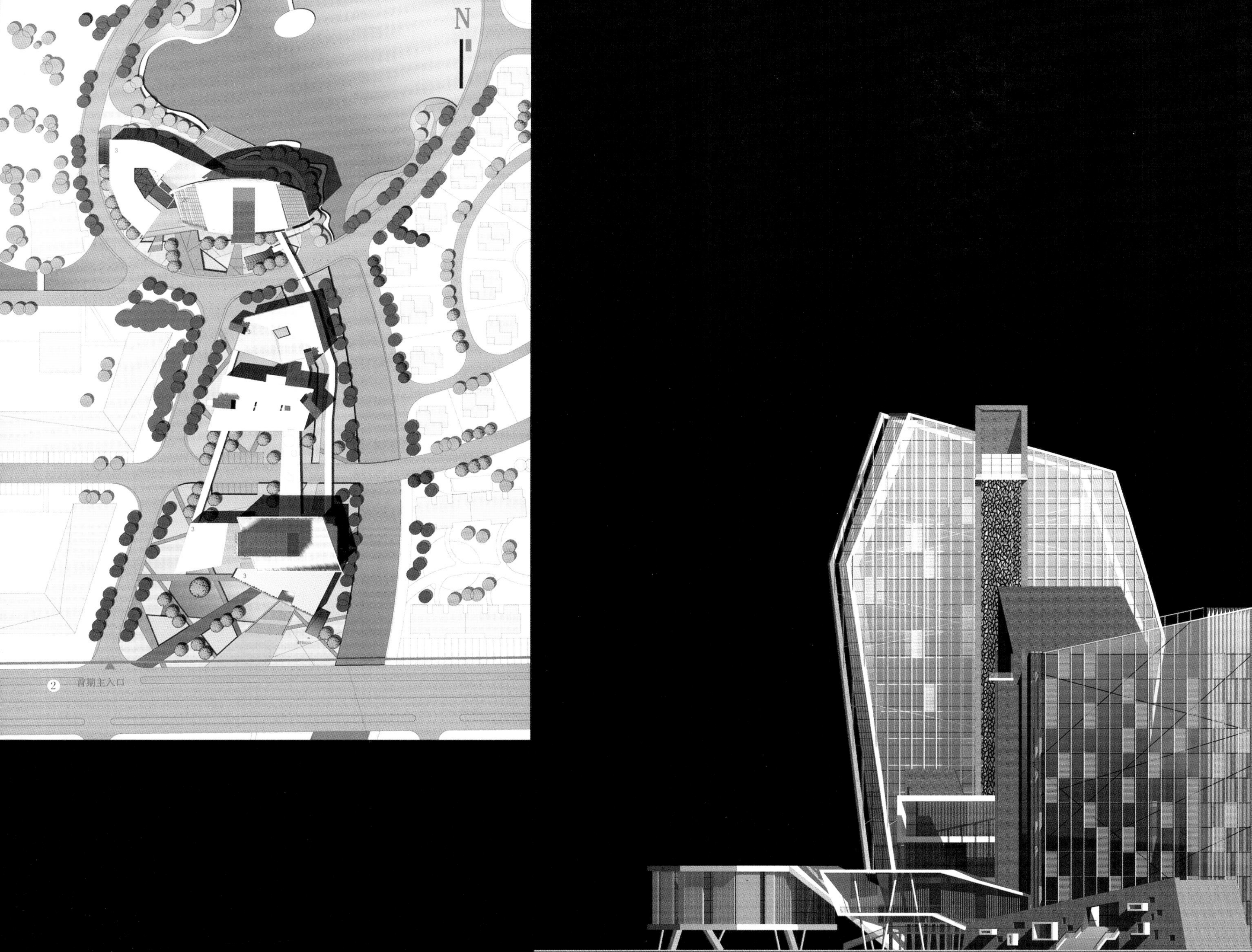
N
2
首期主入口

△漯河市秀水商城

项目地点：河南省漯河市

设计时间：2013年

建筑面积：7.7万平方米

委托单位：漯河市房地产公司

漯河秀水商城位于漯河市会展中心附近，交通便利，位置显要。设计四层商业裙房，上部为公寓。造型时尚、现代、前卫，由于我们的设计风格过于超前，甲方考虑施工难度和造价方面而难以接受，最终未能中标。

XUSC

XUSC

夜景效果图
南向效果图

飞鸟酒店、观音天堂

弃：主动放弃，海阔天空

有些项目如果发现甲方难以沟通，不如主动放弃，早点退出，也可赢得另一方天空。建筑设计是技术性极强的工作，建筑师也理应受到尊重。若发现甲方实在难以沟通或有不尊重设计师的地方，应该坚决地说："NO"，因为我们是"建筑设计师"！

○德阳市天元方舟

项目地点：四川省德阳市

设计时间：2013年

建筑面积：13.5万平方米

委托单位：四川德阳天元房地产公司

方舟项目位于四川德阳，地形呈三角形，设计酒
住宅和公寓等综合体，总建筑面积约为20万平
据地形特点，作三角形布局，并利用前部街心花
取意为“天元方舟”。造型独特，构思巧妙，
赞誉。后发现与甲方沟通困难，迫不得已，我们
了此项目。

①

②
DE YANG FANG ZHOU
OUTLET CENTER
MICRO CENTER

项目地点：广东省珠海市

设计时间：2014年

建筑面积：13.8万平方米

委托单位：中国铁建总公司

三层一个空中花园，形成立体绿化。裙房4层，北侧设办公大堂，通高21米，南侧为集中商业，东南角设计椭圆玻璃体，下部为入口上部为餐厅及多功能厅，一条飘带将玻璃体与主塔楼连接起来，形成极具特色的“海天之路”。塔楼顶部设计似火车头造型，象征中国铁建是以铁路为主业的企业，并且具有勇往直前的火车头精神。整体造型强调竖线条，强调动感，灰色与白色相搭配，符合规划要求，体现出现代、时尚、大气，勇往直前，敢想敢干，锐意进取的铁建风格。

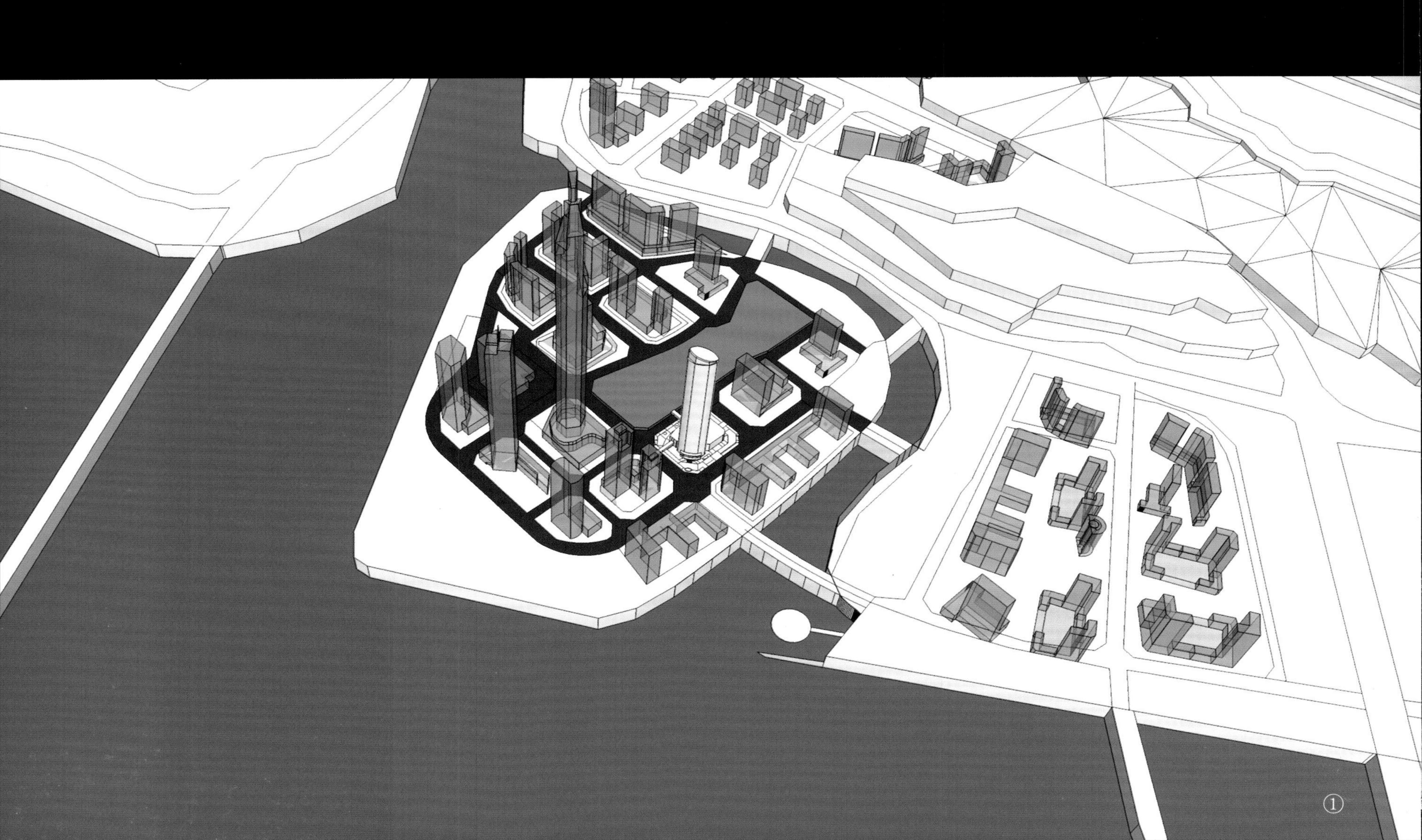

①

总体鸟瞰构思图
街景效果图

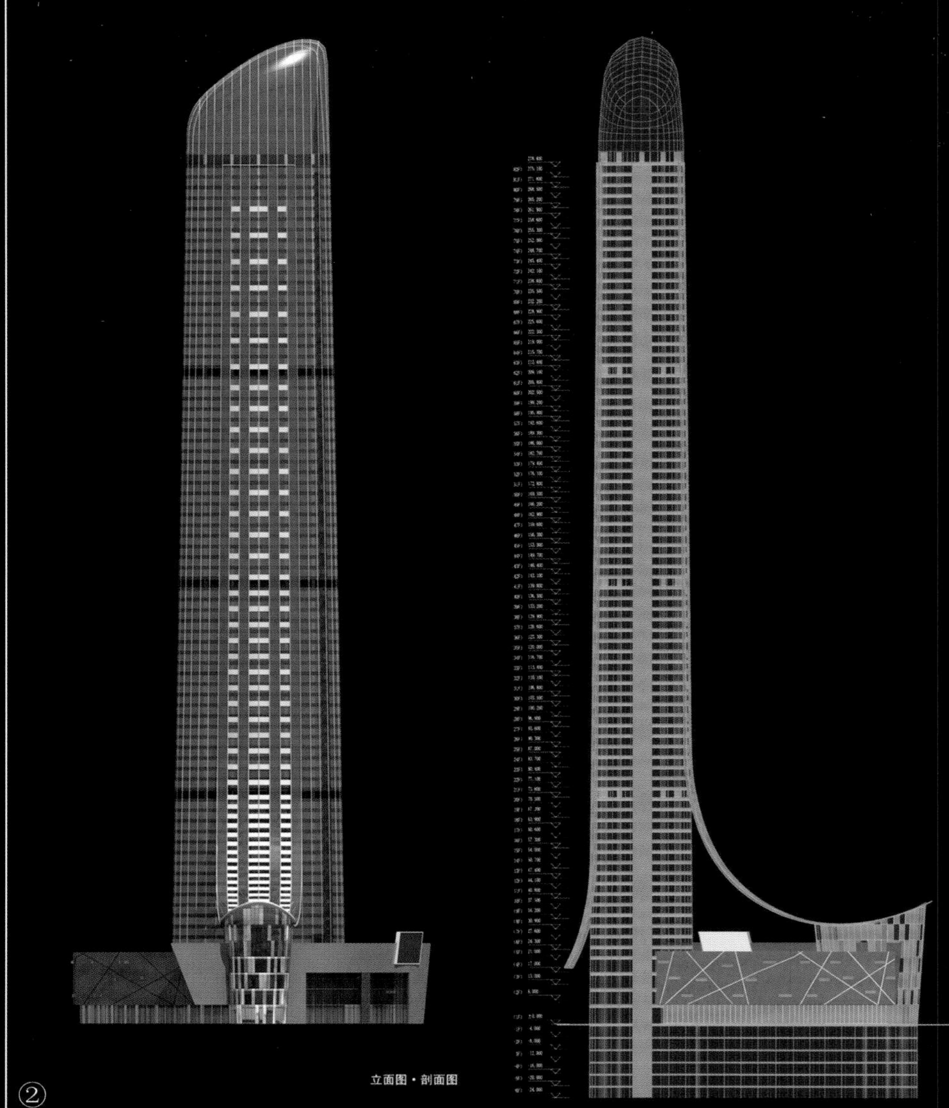

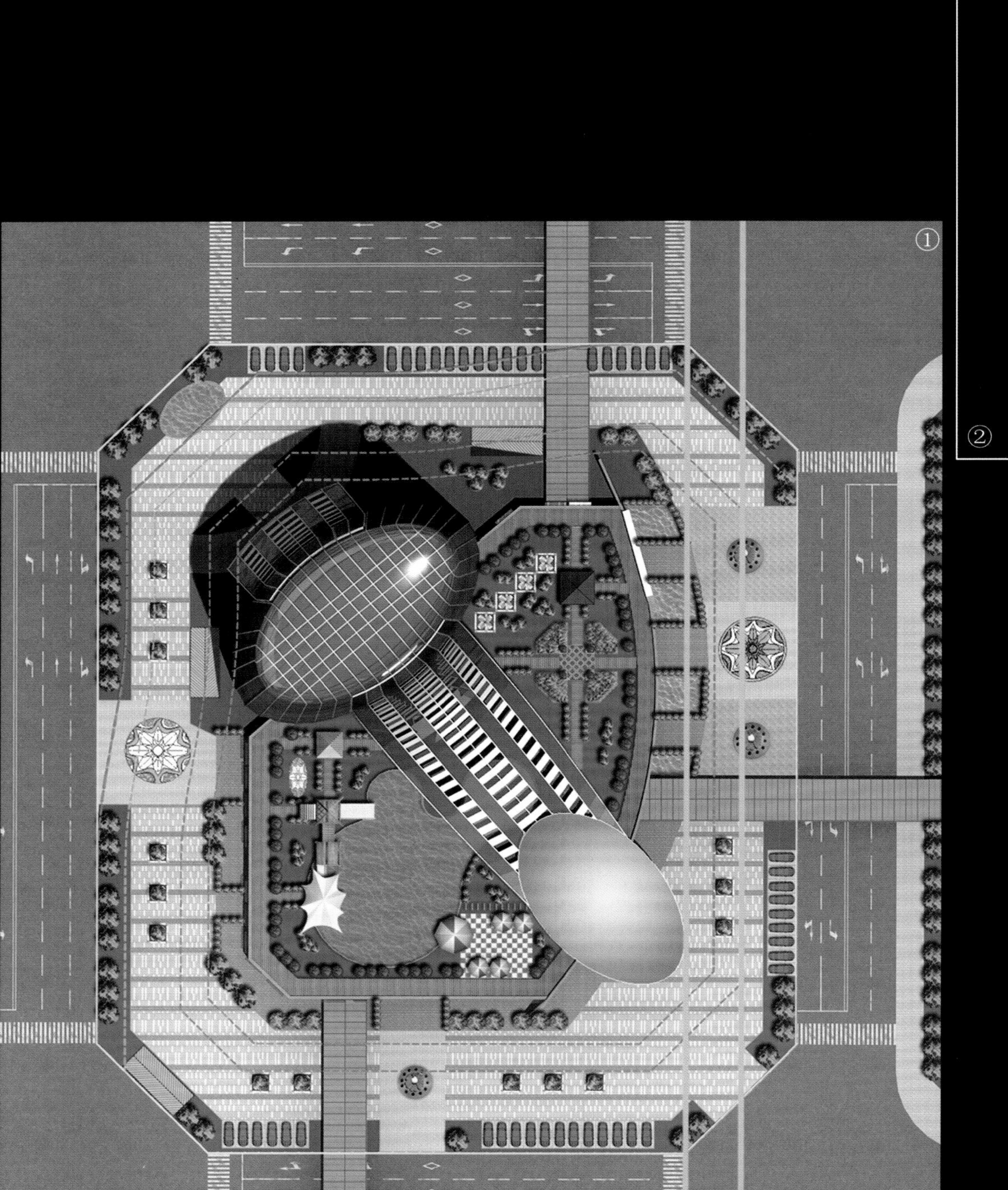

①总平面图
②立面图和剖面图
③鸟瞰图

③

一半是火焰

做投标方案时，应首先对项目有一个全面、整体的了解，并确定大的方向。“方案应该先做对再做好，大方向不能错。”

中标七大要诀：

①特：找准方向，把握特质

②奇：立意高远，出奇制胜

③严：丝丝入扣，无懈可击

④整：掌控大局，强调整体

⑤精：熟悉规则，少犯错误

⑥准：看准要点，抓住主题

⑦强：绝对优势，王者无敌

目录

整

精

御龙湾花园

东乐花园

聚豪华庭

准

水岸莲华

竹叶扁舟

鹤舞龙山

城市方舟

润德学府

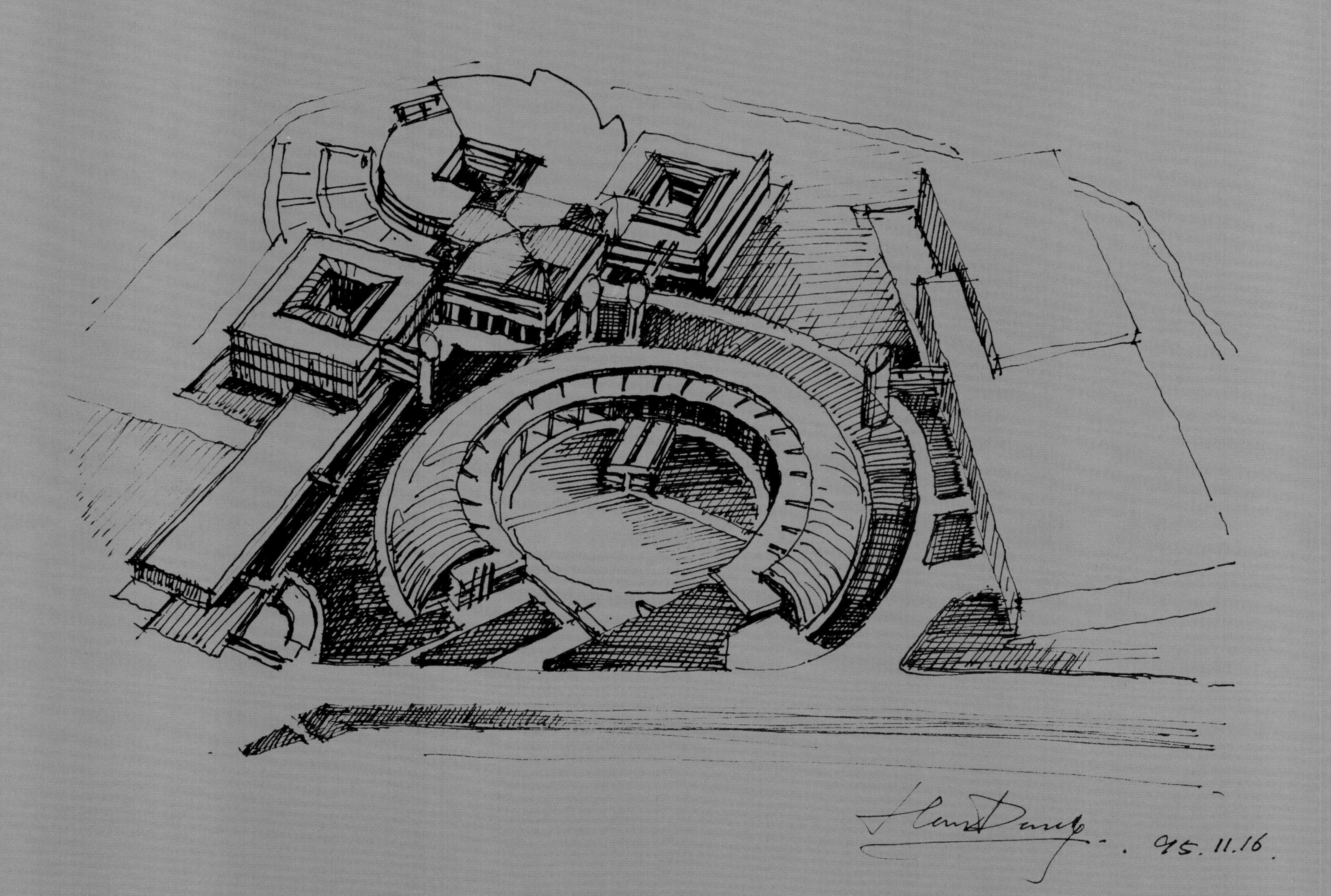
95.11.16.

特：找准方向，把握特质

建筑设计中的每个项目，由于当时当地各种情况不同，都会有它独有的特质，我把这种特质叫做建筑性格，每个建筑的性格都不尽相同。在方案设计前期一定要学会做全面的分析，分析地形特点、甲方要求、经济、工期等各种要素，并加以总结，然后确定建筑性格及大的设计方向。这个方向非常非常重要！它是决定后期整个方案发展的关键，也往往是投标成败的关键。所以，我常说的一句话就是“做方案，要先做对再做好，大方向不能错！”方向对，甲方接受整体，修改局部，中标。反之，方向错，整个推翻，落标！

◇深圳国税大厦

项目地点：广东省深圳市
设计时间：1999年
建筑面积：8万平方米
获奖情况：鲁班奖
广东省优秀设计三等奖
深圳市优秀设计二等奖
电子部第十设计院优秀工程
实施情况：已建成

1997年来深圳工作接手的第一个项目，38层的超高层，8万平方米的建筑面积，历时3年完成，为全国最高的税务大厦。采用精密的手法与简洁的体型，力图表现出政府执法机关的威严与金融单位的细密，准确地把握税务机关的特质，故在多轮投标中始终立于不败之地，顺利中标。建成后成为多个城市税务大厦的榜样，现已成为全国税务第一楼。

①街景效果图

②③④实景照片

①

②

③

❹

◇迈瑞医疗研发大厦

项目地点：广东省深圳市

设计时间：2002年

建筑面积：2万平方米

实施情况：已建成

获奖情况：广东省二等奖

迈瑞医疗是医疗器材生产的著名品牌企业，该项目位于深圳高新科技园南区，地形方正，交通便利，项目命名为迈瑞研发大厦。设计根据功能特点，将建筑呈L型布置，并利用虚实对比的手法，准确地表达出高新科技企业的特质，给人强烈的视觉冲击力，建成后获得各方一致好评，并获得广东省二等奖。

MINDRAY
MINDRAY

①整体效果图

②③局部实景照片

这是当时中标方案的效果图，根据甲方要求，准确地把握建筑的特质，反映出迈瑞的企业文化精神，顺利中标。

◇深科技单身公寓

项目地点：广东省深圳市

设计时间：2000年

建筑面积：6万平方米

实施情况：已建成

获奖情况：深圳市优秀设计二等奖

深科技单身公寓由两栋23层高层塔楼组成，中部上层相连，形成门型建筑，可同时满足7000人使用。为避免阳台衣物成为“万国旗”，设计利用虚实对比的手法，用方格形加以限定，有效地控制了整体效果，造型时尚、新颖，受到深科技青年职工的喜爱。设计时由于方向准确，一轮搞定。该项目获得深圳市二等奖。

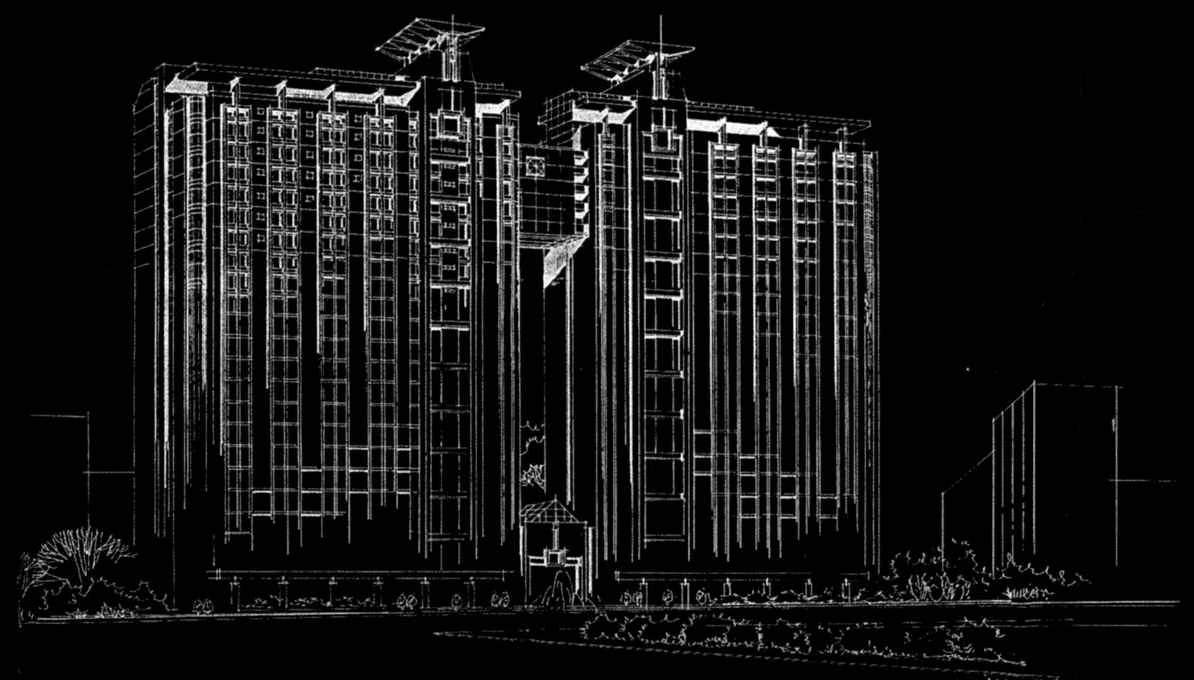

①整体效果图
②中部连接体
③广场前效果

奇：立意高远，出奇制胜

确定方向以后，开始进行构思，对项目的特质进行提炼、升华，集合成一个好的创意，简单、明确、切题，直击要害，并易于被大众接受。例如上海世博会中国馆创意概括为“东方之冠”，北京奥运会的“鸟巢”“水立方”等项目都能够立意高远，切中要害，这样才能够在众多方案中脱颖而出，成为决胜千里的中标方案。

设计时间：2000年

建筑面积：8万平方米

获奖情况：全国优秀设计二等奖

实施情况：已建成

“洞”，而我的方案是把整个建筑做成了一个大门，取名为“世纪之门”，寓意“敞开大门，迎接新世纪”，立意准确，出奇制胜，所以最后甲方就选定了这个方案。建成后成为深南大道路边一道亮丽的风景，并获得了全国优秀设计二等奖。

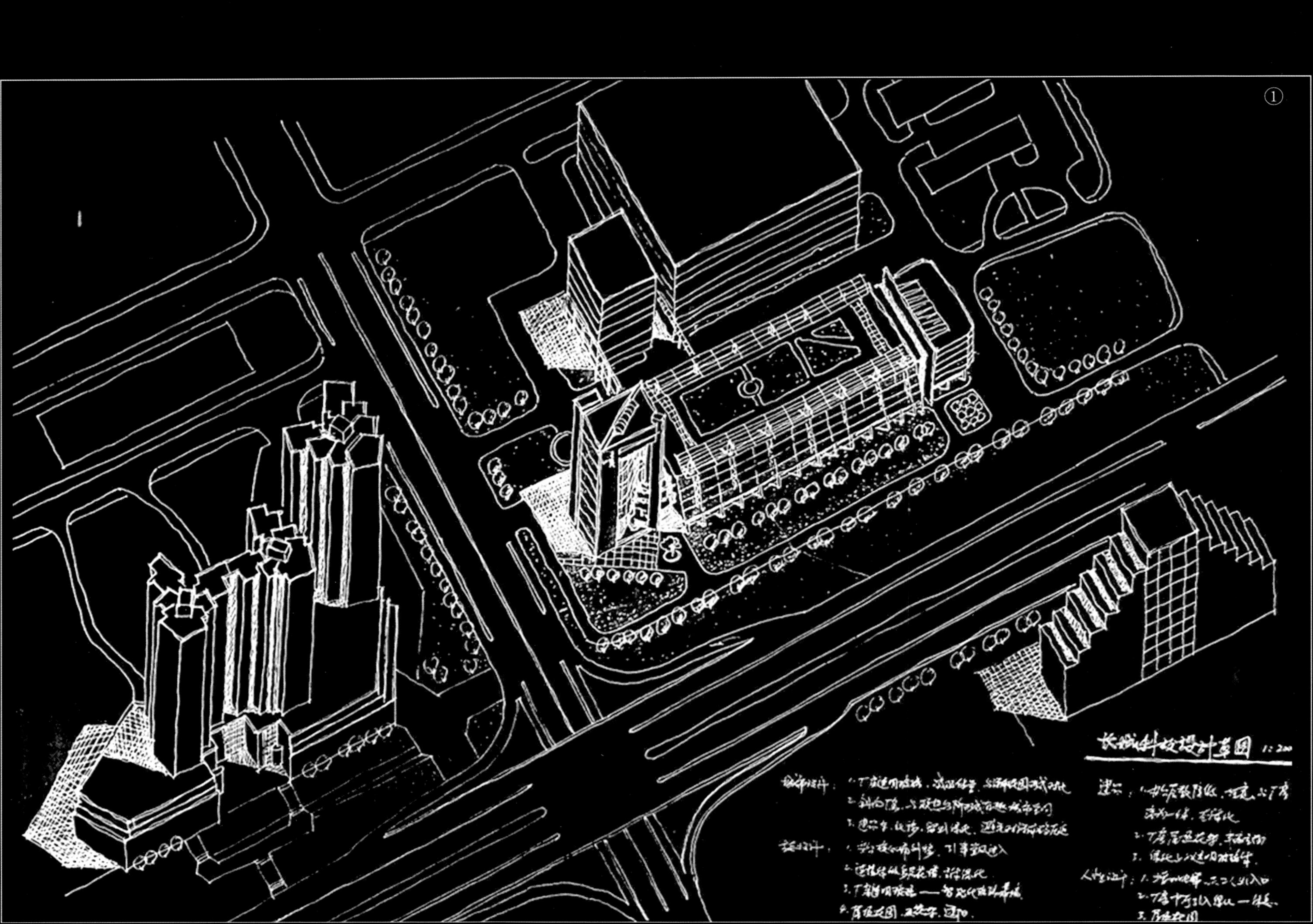

①手绘鸟瞰图

②实景照片

GWT

实景照片

①整体效果图

②内景效果图

③实景现状照片

④实景现状照片

2

3

4

▲雪野莲花度假区

项目地点：山东省莱芜市
设计时间：2011年
建筑面积：14万平方米
实施情况：已建

雪野莲花位于山东莱芜雪野湖畔，地形形状十分特别，像一只大螃蟹，当地人取名为蟹岛。甲方要求建造酒店、会所、商业等综合体，面积为14万平方米。根据地形特点，我们设计了一朵盛开的莲花，取名雪野莲花，巧妙地与地形结合，并使酒店客房100%的观湖景。由于构思奇特、巧妙、切题，故一举中标。

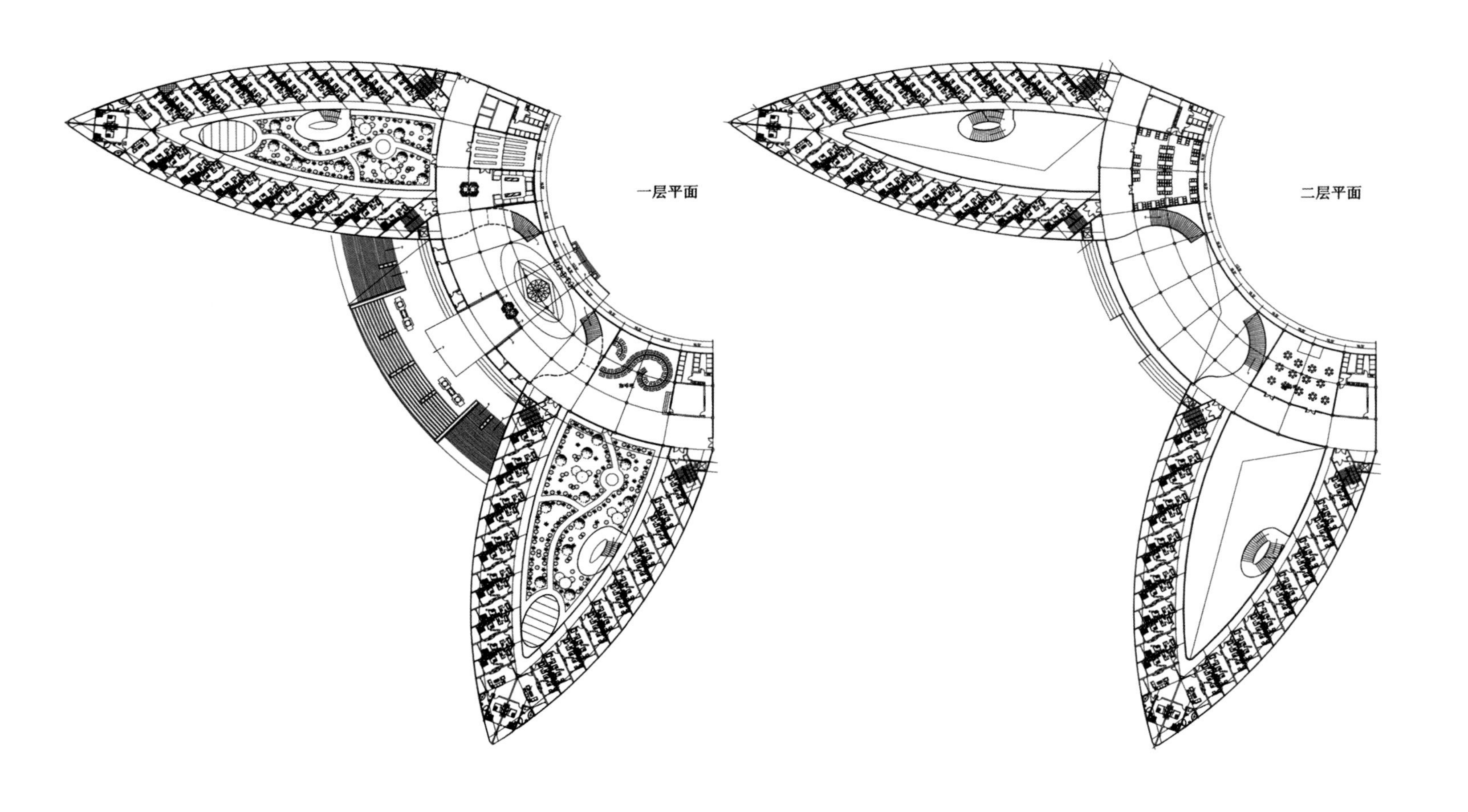

①

②

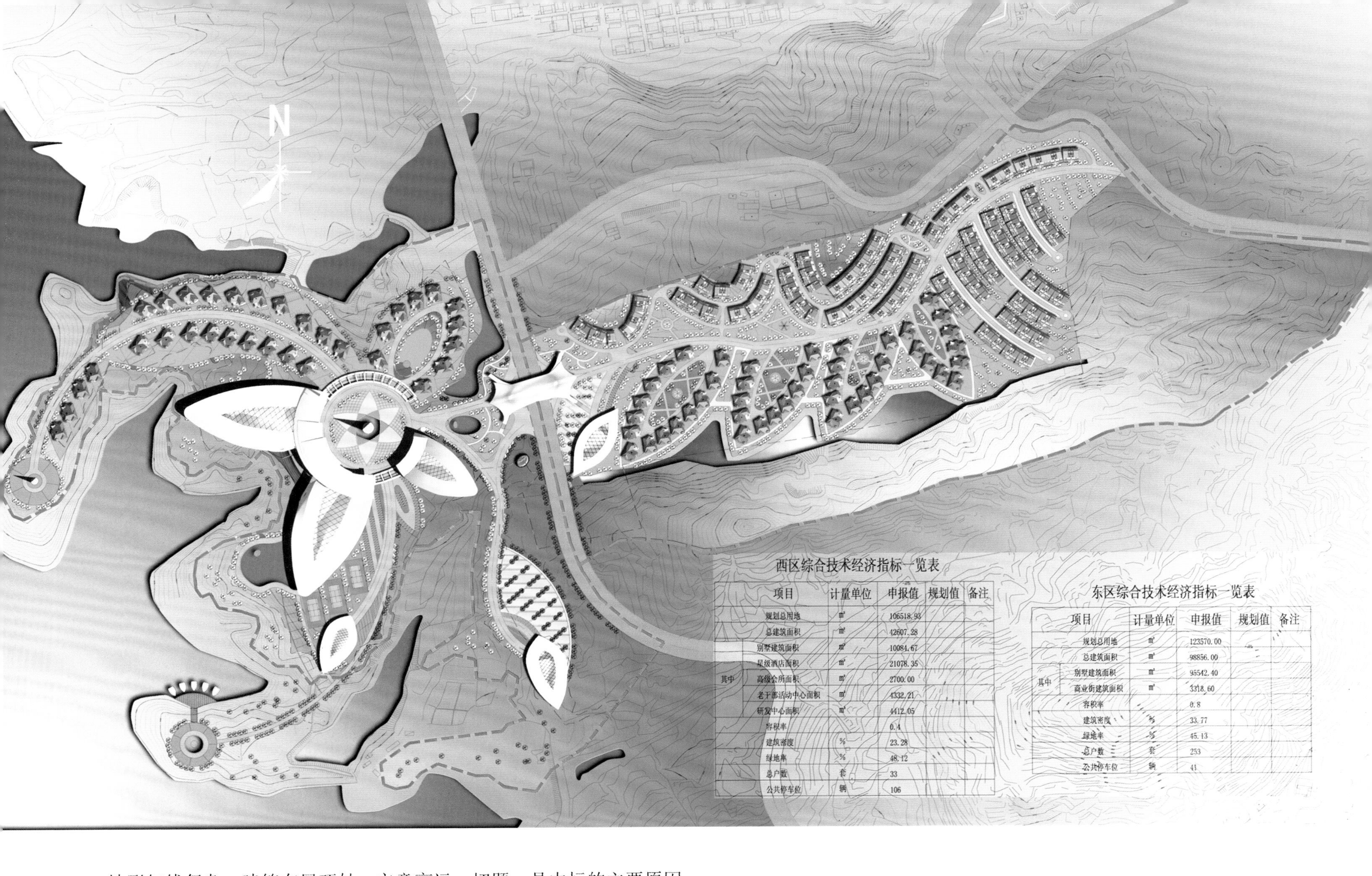

西区综合技术经济指标一览表

项目		计量单位	申报值	规划值	备注
规划总用地		m²	106518.93		
总建筑面积		m²	42607.28		
其中	别墅建筑面积	m²	10084.67		
	星级酒店面积	m²	21078.35		
	高级会所面积	m²	2700.00		
	老干部活动中心面积	m²	4332.21		
	研发中心面积	m²	4412.05		
容积率			0.4		
建筑密度		%	23.28		
绿地率		%	48.12		
总户数		套	33		
公共停车位		辆	106		

东区综合技术经济指标一览表

项目		计量单位	申报值	规划值	备注
规划总用地		m²	123570.00		
总建筑面积		m²	98856.00		
其中	别墅建筑面积	m²	95542.40		
	商业街建筑面积	m²	3318.60		
容积率			0.8		
建筑密度		%	33.77		
绿地率		%	45.13		
总户数		套	253		
公共停车位		辆	41		

地形红线复杂，建筑布局巧妙，立意高远，切题，是中标的主要原因。

①夜景效果图
②入口效果图
③总平面图
④实景照片

①

②

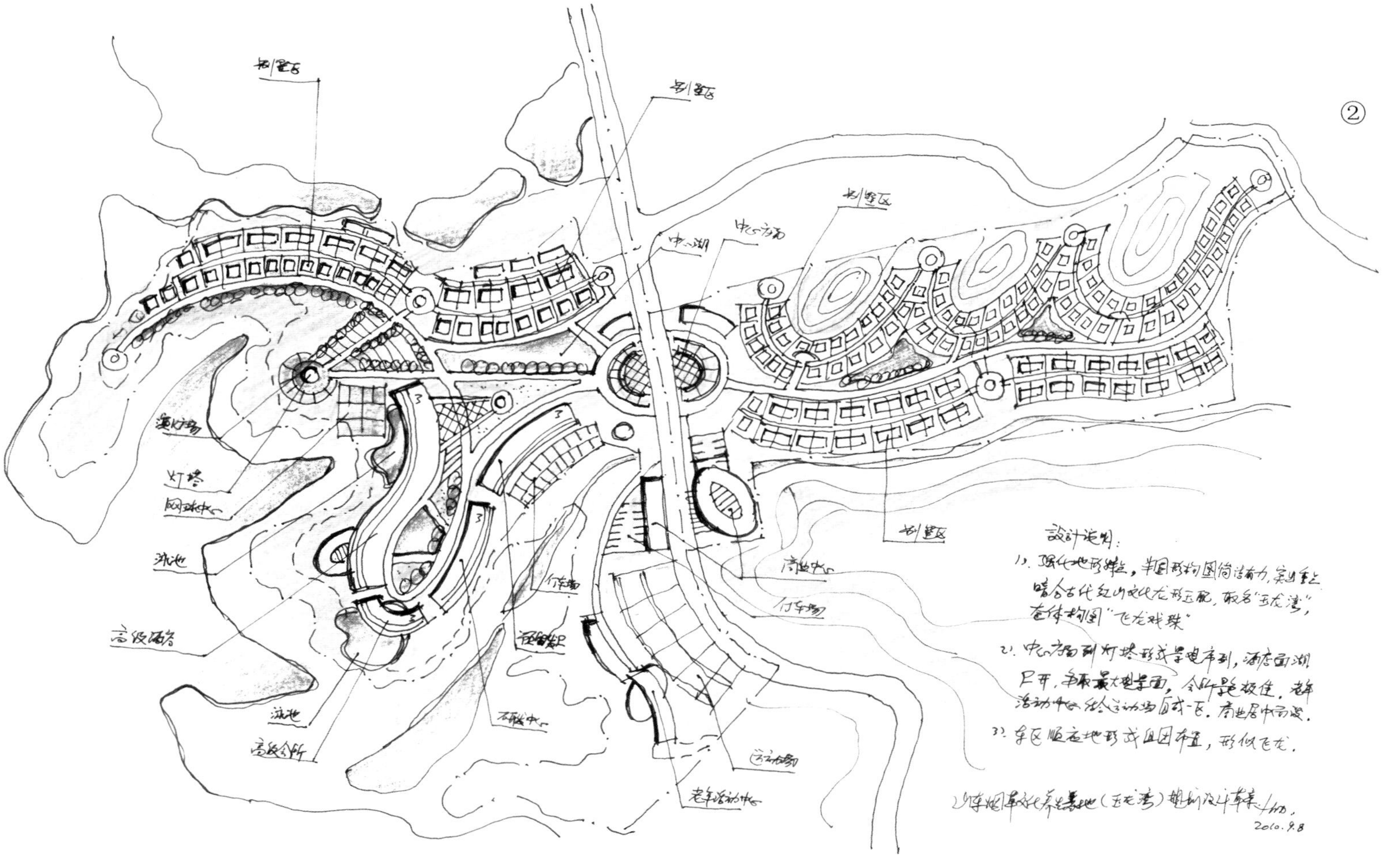
别墅区
中心湖
灯塔
高级酒店
泳池
高级会所
停车场
老年活动中心
设计说明：
1）强化地形特点，半圆形构图简洁有力，突出重点
暗合古代红山文化龙形玉配，取名“玉龙湾”，
整体构图“飞龙戏珠”
3）全区顺应地形成组团布置，形似飞龙。
2010.9.8

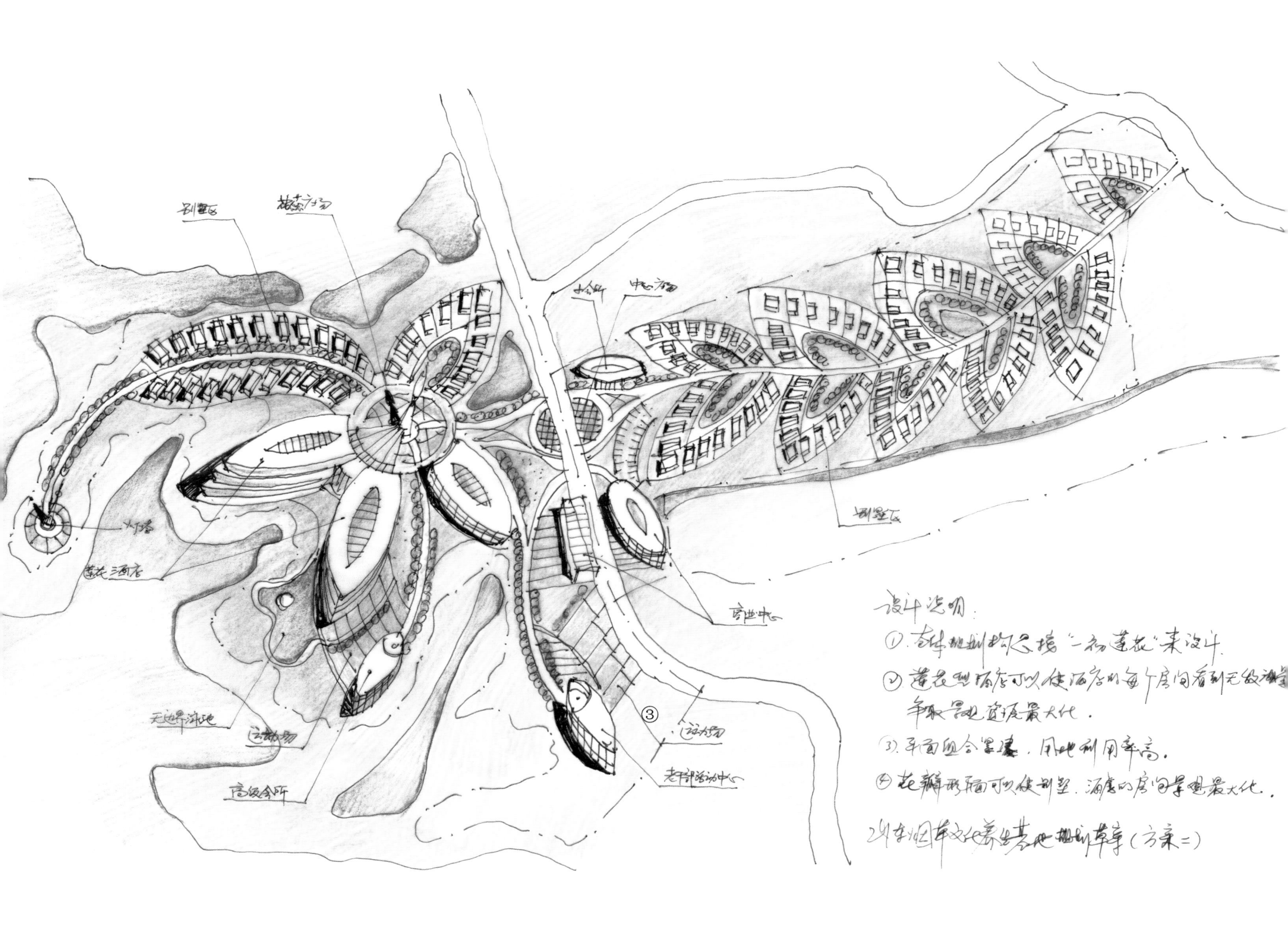

①酒店实景

②对比方案草图一

③对比方案草图二

①酒店贵宾客房实景

②酒店一角

③滨水实景透视

①

②

①大门入口
②夜景实景照片
③黄昏实景照片

①入口大堂
②客房中庭
③滨水阳光餐厅

③

声：丝丝入扣，无懈可击

这是指设计的逻辑性非常重要。一个好的方案从开始构思到最终成果，一步一步都要经过很多反复与比较，这样最终的设计成果才会让大家心服口服，易于接受。所以我们在方案构思时特别强调设计的逻辑性，要求做到丝丝入扣，无懈可击。

中航格兰郡花园为中航地产在深圳观澜开发的大型居住区，总建筑面积约为20万平方米。一期由香港华艺公司设计，我们投标时着重考虑一、二期的衔接问题，将一期中轴线延长并在二期中心设计景观湖，沿湖布置高层与别墅，形成中心景观。条理清晰、层次丰富、张弛有度，设计逻辑性十分清晰，丝丝入扣，无懈可击，一举中标，建成后成为深圳的经典时尚的代表楼盘。

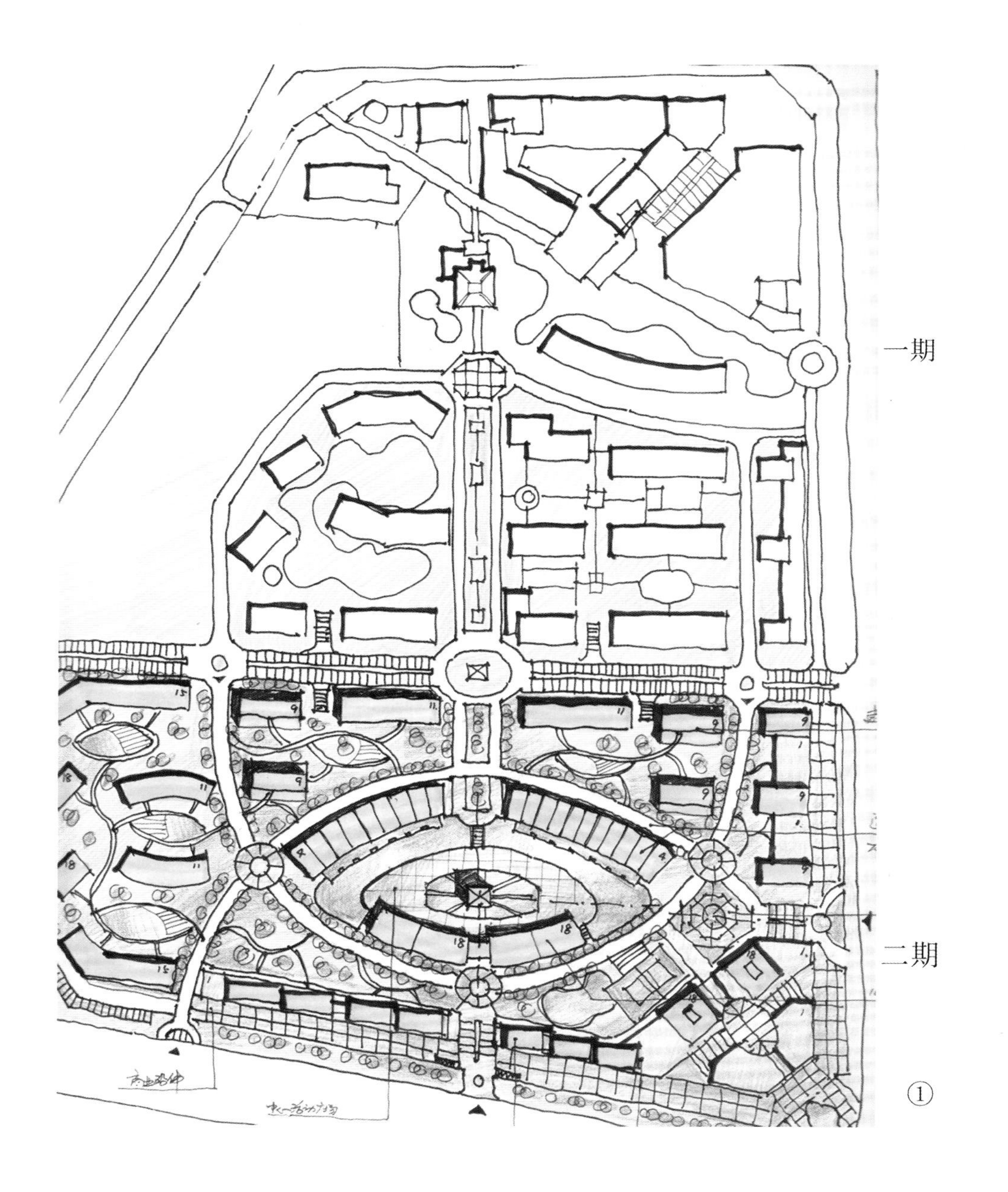

①手绘总平面图

②小区内景效果图

③夜景透视图

②

☆深圳中航格兰郡花园

项目地点：广东省深圳市

设计时间：2006年

建筑面积：20万平方米

实施情况：已建

③

①入口透视
②花园内景效果图
③总体鸟瞰图

③

①②③小区内实景照片

③

△聚豪明轩花园

项目地点：广东省深圳市
设计时间：2006年
建筑面积：12万平方米
实施情况：已建

聚豪明轩项目位于东莞石龙老城区，地形呈长方形，总建筑面积约12万平方米，周围交通便利、开阔，并可远眺东江河景，是石龙较为高档、成熟的片区。规划布局由对面五星级酒店引一条中轴线进入场地，设计入口广场，并将小区分为左右两个花园，呈“T”字型布置。造型源于苏格兰古堡，典雅、精致，独树一帜。整体组合高低错落、层次丰富，坡屋顶，白构架，阶梯山花等丰富的元素配以精致的黑色铁花塑出欧陆经典风格，为当地年轻人创造一个梦幻的家。开盘后，创造了东莞楼盘的销售记录。

①实景照片
②实景照片

彩
批发商城
23333

①总体夜景鸟瞰
②街景透视
③花园内景

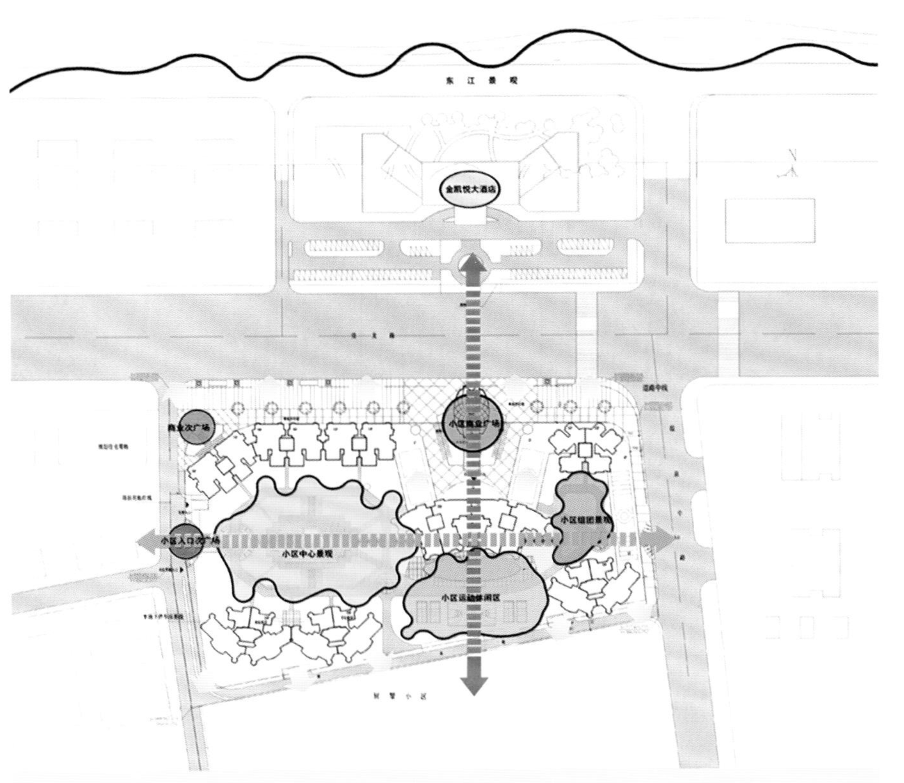

针对地形特点，在五星级酒店“金凯悦”对面，设计极富特点的意大利广场——凯旋门广场，形成极聚人气的场所，打造石龙新的城市空间。广场两侧为商铺，南侧为新标志建筑“凯旋门”，对景为“金凯悦”，城市空间巧妙、灵活，极具个性与魅力。

凯旋门广场将基地分为大小两个花园，中间为体育公园，建筑前低后高，中心突出，层次丰富。

住宅北侧临路为小户型，一梯八户或十户，南侧为中户型，一梯六户；中间为大户型，一梯四户；分区合理明确，户户有景观，户户有卖点，实现极佳的均好性。

①

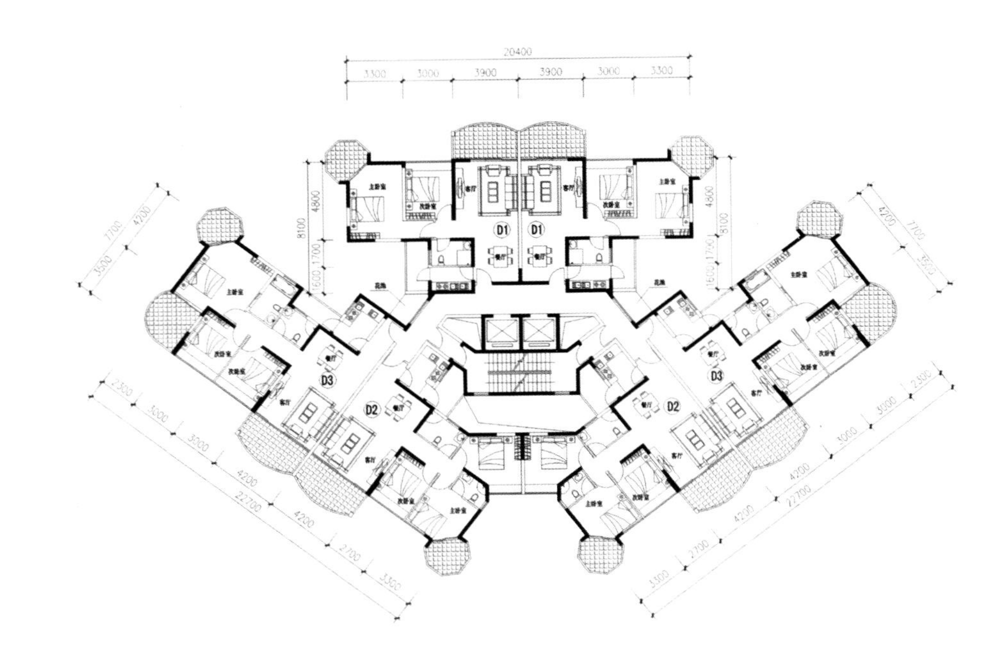

②

灵活多变的沿街商铺

沿莞龙路与温泉中路设置商铺，骑楼式，层高6m，西侧设次广场，中间设主广场，形成形态丰富的商业空间，主广场极聚人气，富有个性，中部设会所，提高小区档次。

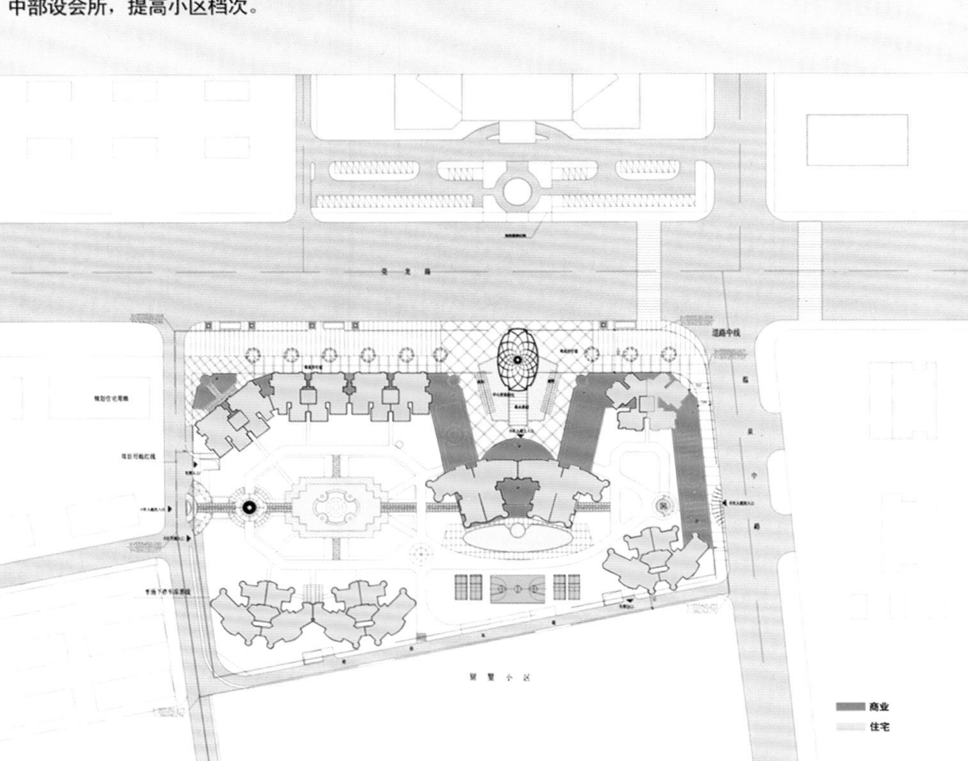

①规划结构图

②功能分析图

③总平面图

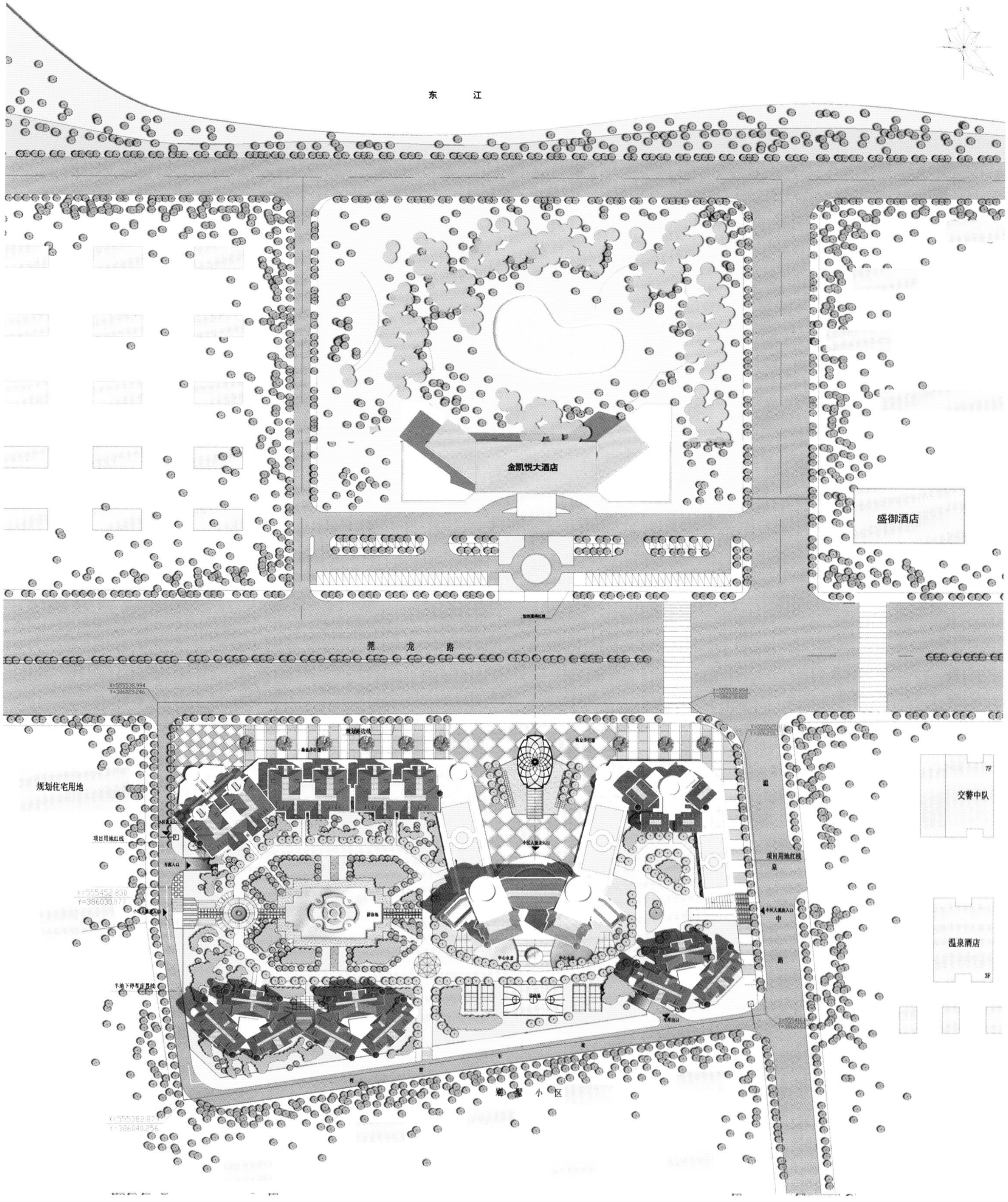

东 江

金凯悦大酒店

盛御酒店

莞 龙 路

X=555538.994
Y=386029.246

规划路边线

小区人流主入口

规划住宅用地

项目用地红线

车库入口

X=555452.830
Y=386030.077

半地下停车库界线

中心水景

X=555382.879
Y=386040.256

温 泉 中 路

项目用地红线

交警中队

7F

温泉酒店

3F

③

①②实景照片

95.10.1 HD

整：掌握大局，强调整体

方案创作时，要始终保持整体的全局观，随着设计层层深入，妥善处理好各部分之间的关系。好的设计就像人的身体一样，多一分太多，少一分太少，各部分都恰到好处，始终是一个整体。并且特别注意，建筑与环境也是一个整体。

☆TCL总部大厦及会展中心

项目地点：广东省惠州市

设计时间：2004年

建筑面积：20万平方米

获奖情况：国际投标入围三甲

TCL总部大厦位于惠州市新的中心区，地理位置极为显要，拟建设惠州会展中心及TCL总部大厦，设计要求建成城市标志。地块为三角形，如何处理好会展中心与总部大厦的关系，并适合城市新中心的发展是解决问题的关键。设计利用最简单的方法，将会展中心面向过江大桥横向布置，总部大厦位于前方面向城市江景，一竖一横，组成统一的整体形象。由于整体性好，评标时得到评委们的一致好评，进入前三甲。后因故，项目未能实施。

①总体关系图
②交通流线
③功能分区
④整体透视图

④

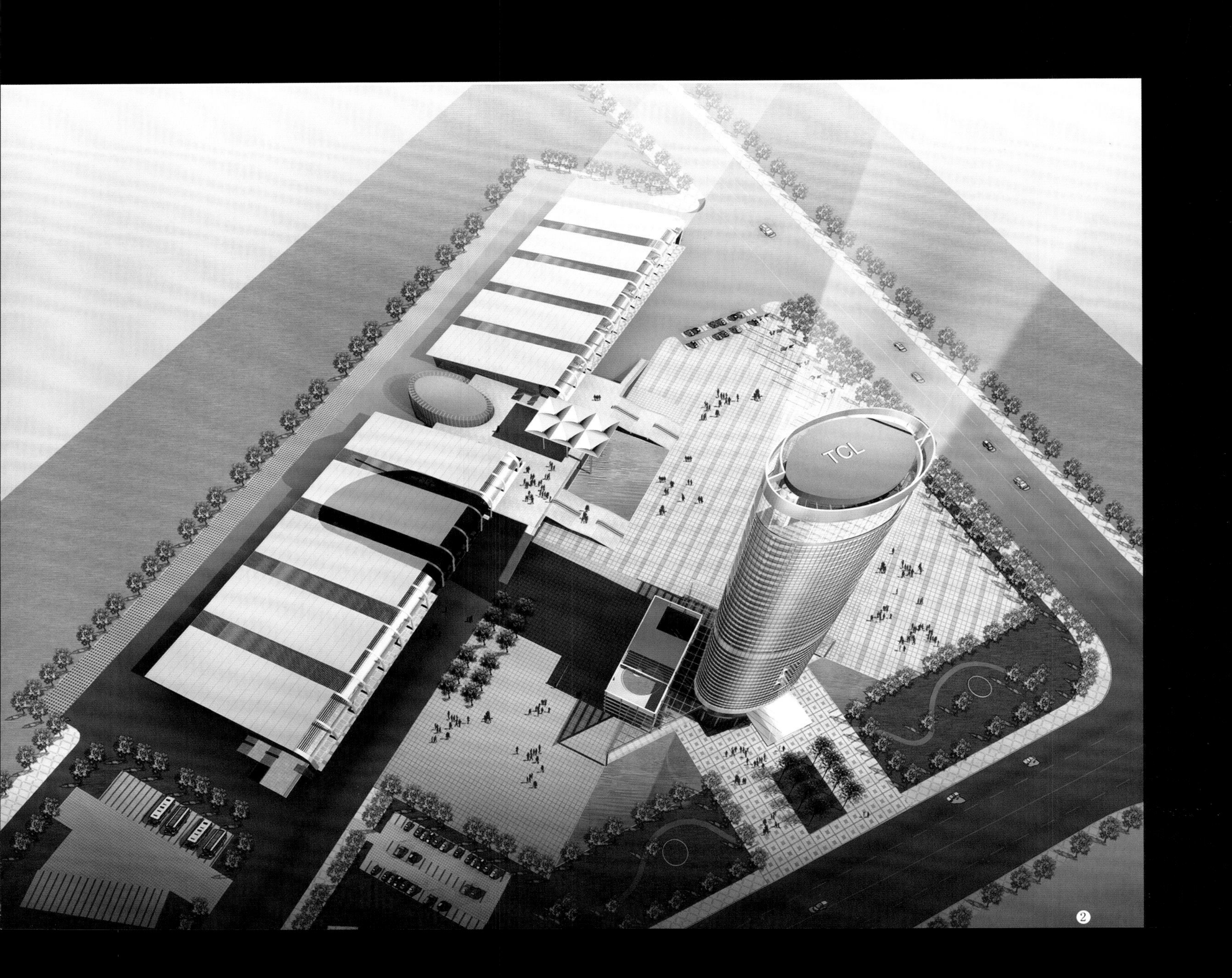

②

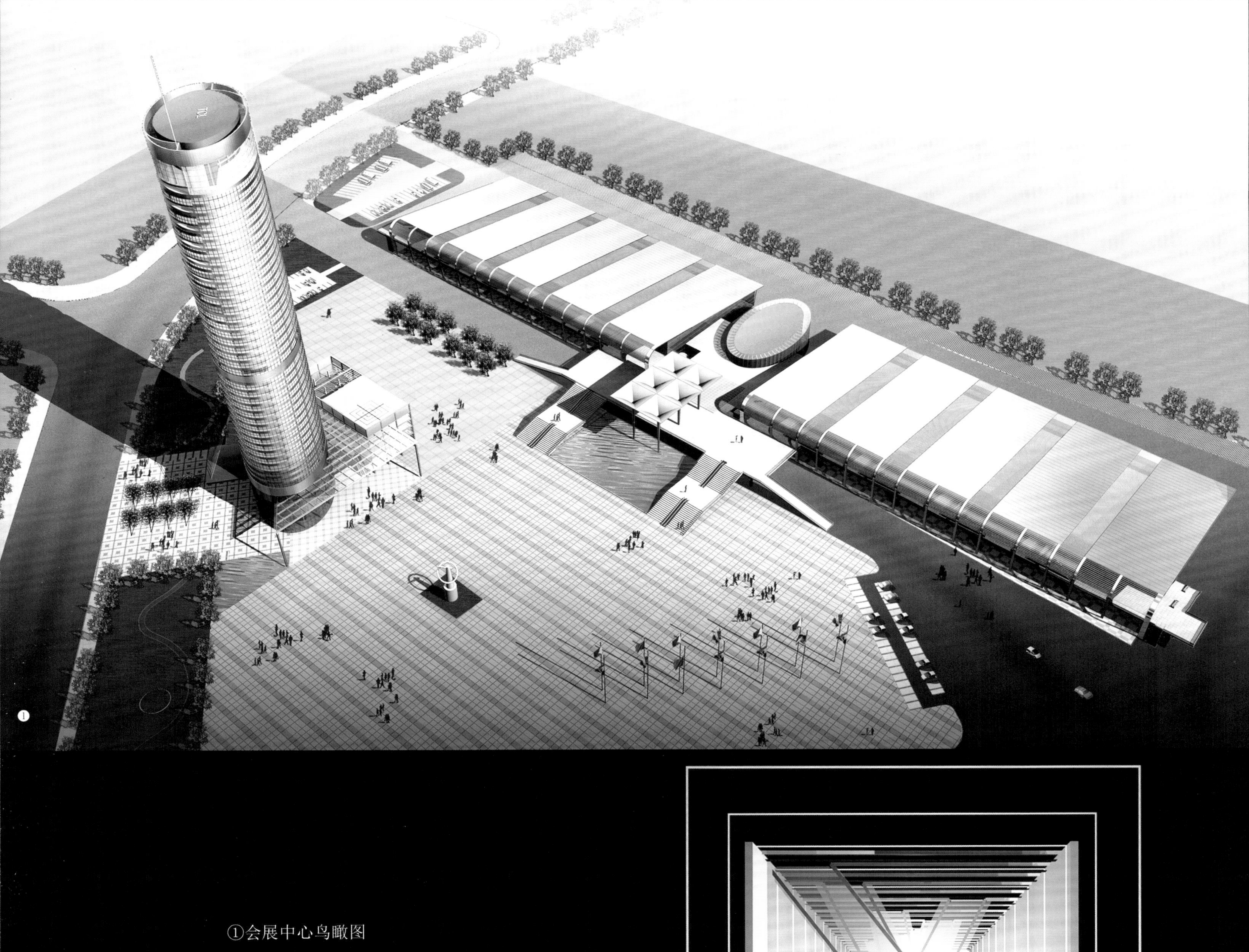

①会展中心鸟瞰图
②会展中心鸟瞰图
③生态中庭顶视图

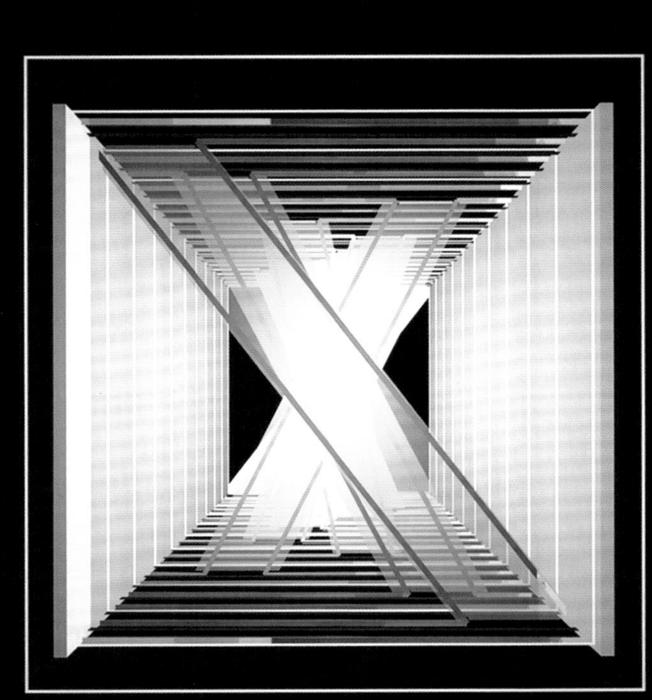

②

①局部透视

②临江夜景效果图

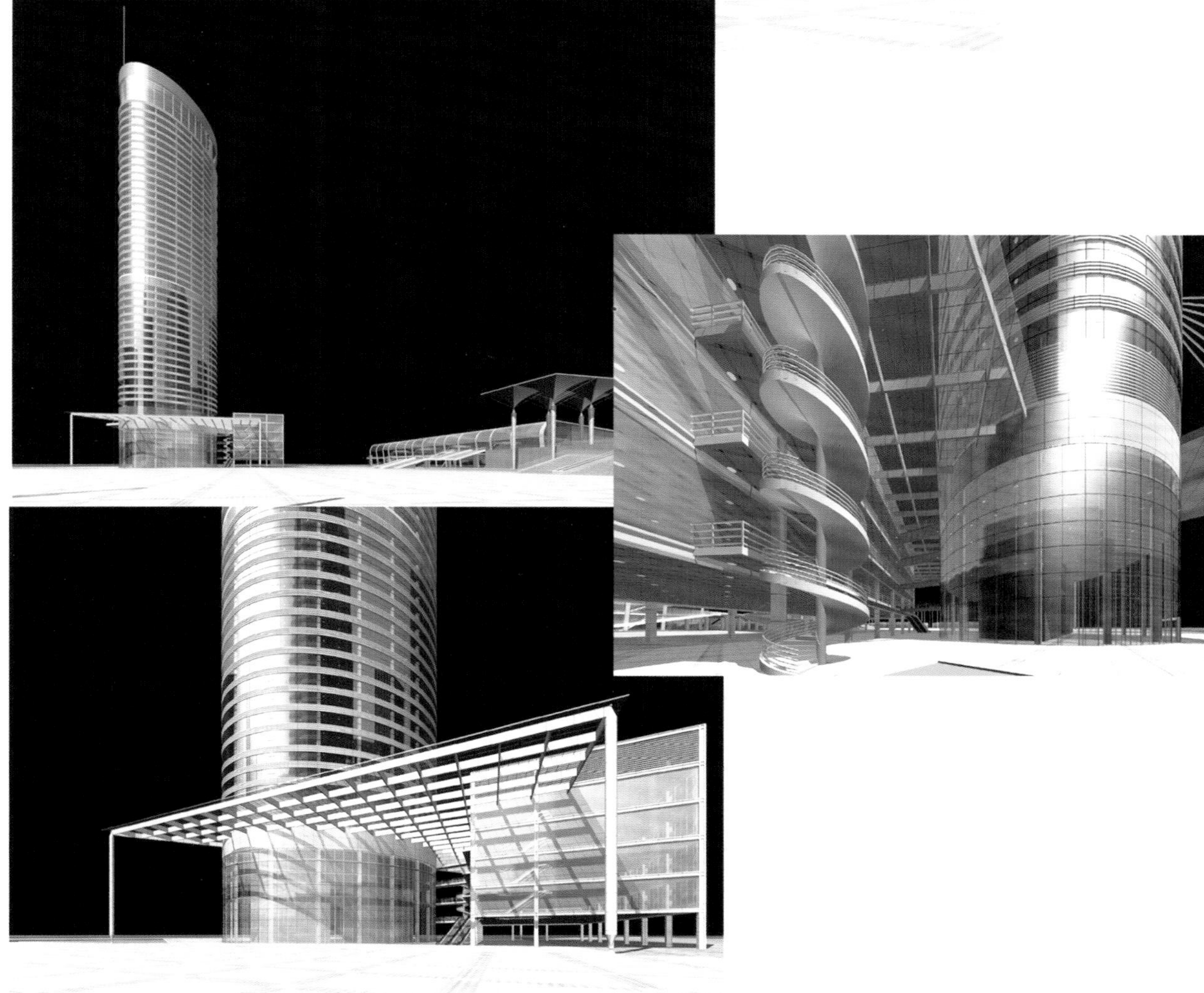

①

①平面组合图
②平面示意图
③构思草图
④手绘草图

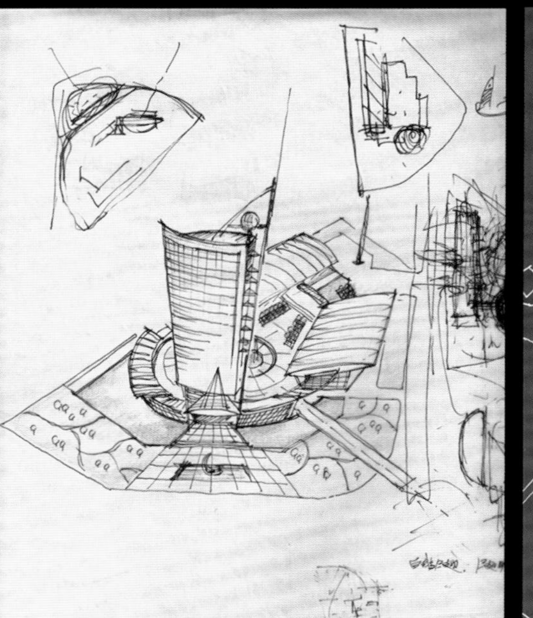

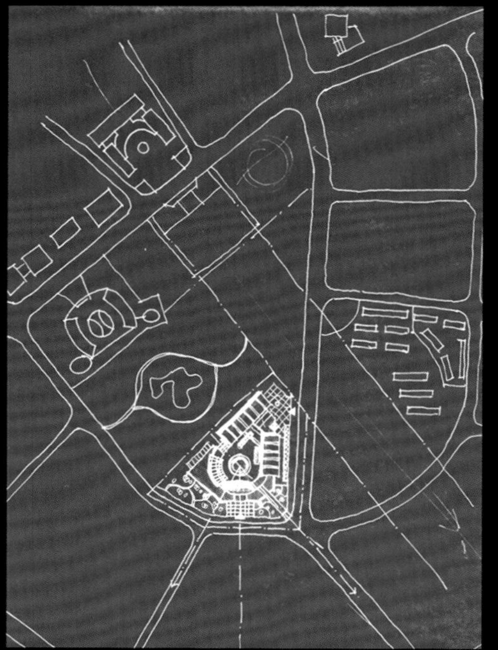

这是开始构思时的草图，根据地形特点，总部大厦与会展中心围合成内院，后来何老师指导“不够大气，过于局促”，于是改为“一点一横”布局，成为整体关系最好的一个方案。

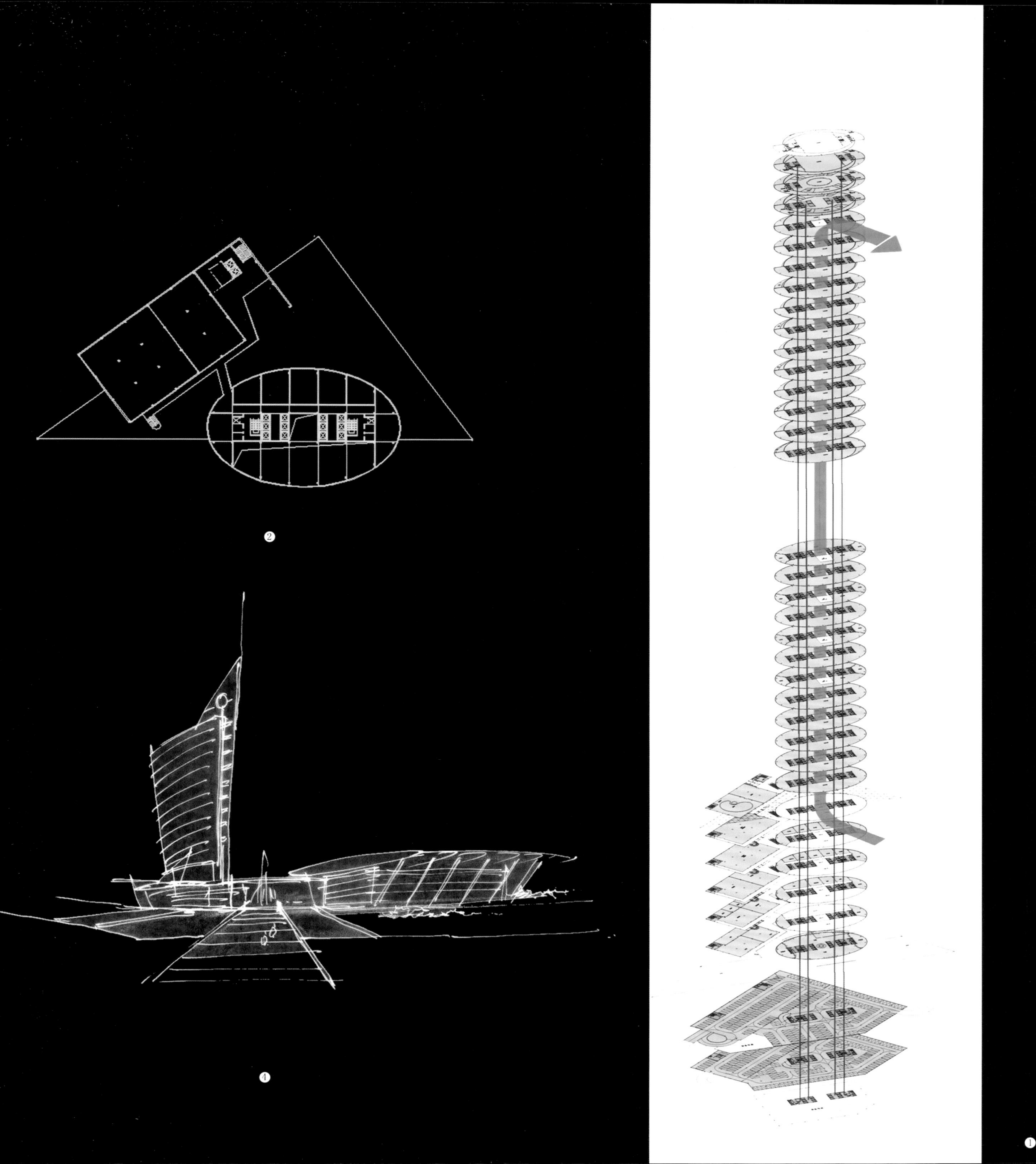

②

④

①

☆四方水城花园

项目地点：广东省深圳市
设计时间：2005年
建筑面积：10万平方米
实施情况：中标未建

四方水城位于深圳布吉坂雪岗南区，项目由四块地组成，分别位于交叉路口四角。根据项目的用地条件，规划提出了“化零为整”的规划思路，将四块相对独立的用地串结成统一整体，采用统一的规划原理进行设计。在四块地的中心区域，由临街商铺、架空平台、架空连廊组成了核心区域——四方水城，外围由水景园林组成四方景园。四方水城与四方水景之间形成拓扑关系，构思巧妙，极具规划特点。

整体关系呈拓扑关系，十分巧妙，是中标的主要原因。

①总平面图
②总体鸟瞰图
③综合管理大厦

②

□深圳盐田国税大厦

项目地点：广东省深圳市

设计时间：2004年

建筑面积：1.8万平方米

实施情况：已建成

盐田国税大厦位于深圳市的盐田港，美丽的滨海之地。为争取观海面，设计采用“L”型布置，圆形玻璃桶为每层提供了最佳的海景会议场所。造型现代、简洁、大气，体现滨海建筑特点。

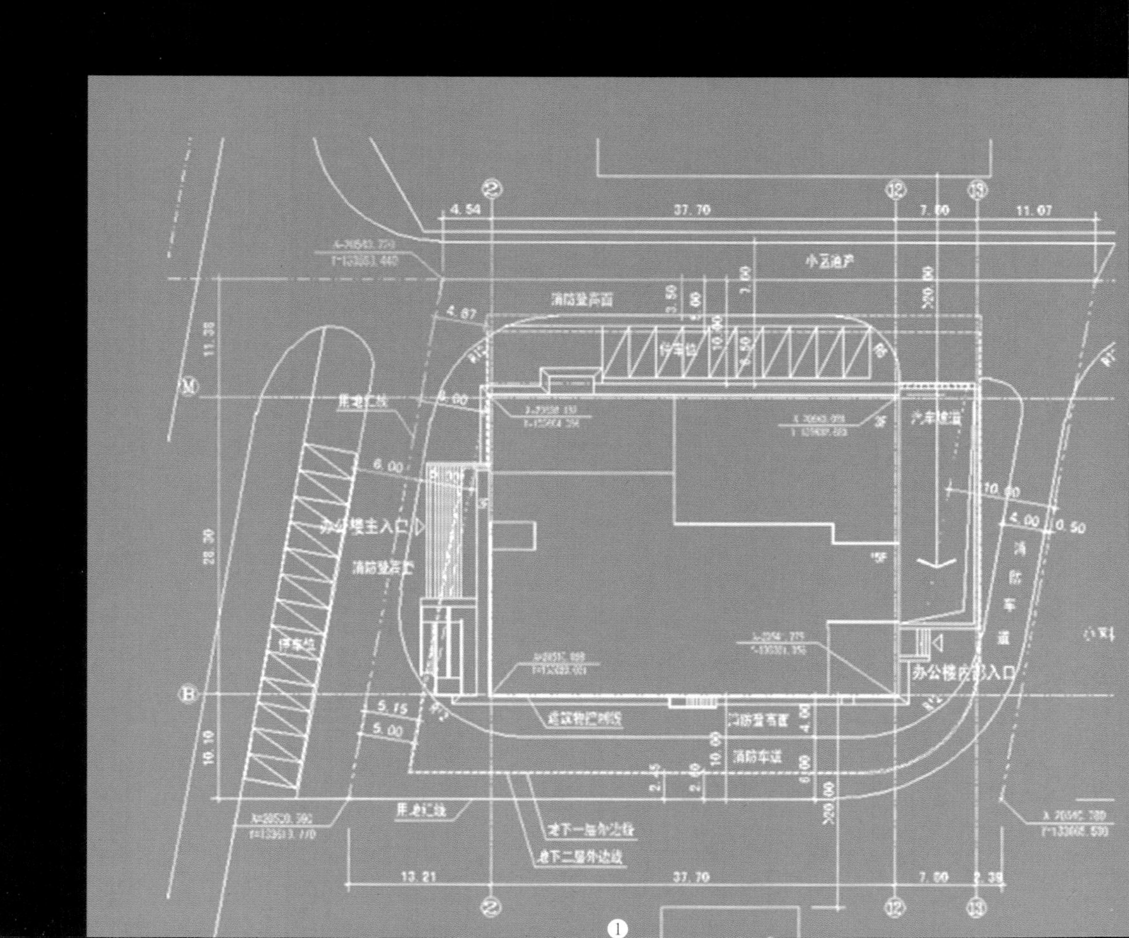

①

03
04
05
06
07
14
15
16
①
②

③

1

95.10.1.HD.

精：熟悉规则，少犯错误

投标时经常会遇到的问题是地方规范不同，设计标准不同。设计师如果不能及时了解当地的规范变化，往往会吃大亏。所以要特别注意熟悉当地规范、标准，并且要善于与甲方多沟通，尽量做到知己知彼，这样方可立于不败之地。

△东莞石龙御龙湾花园

项目地点：广东省东莞市

设计时间：2007年

建筑面积：8万平方米

实施情况：已建成

御龙湾位于东莞石龙新城，地形近似方正，面积约8万平方米，呈组团围合式布局，最大限度争取江景面。色彩丰富、造型现代，户型灵活，并引入风水概念。由于事前充分了解了当地的规划要求，所以方案布局是最合理的。在国内多家著名设计机构参与的竞标中成功夺标。

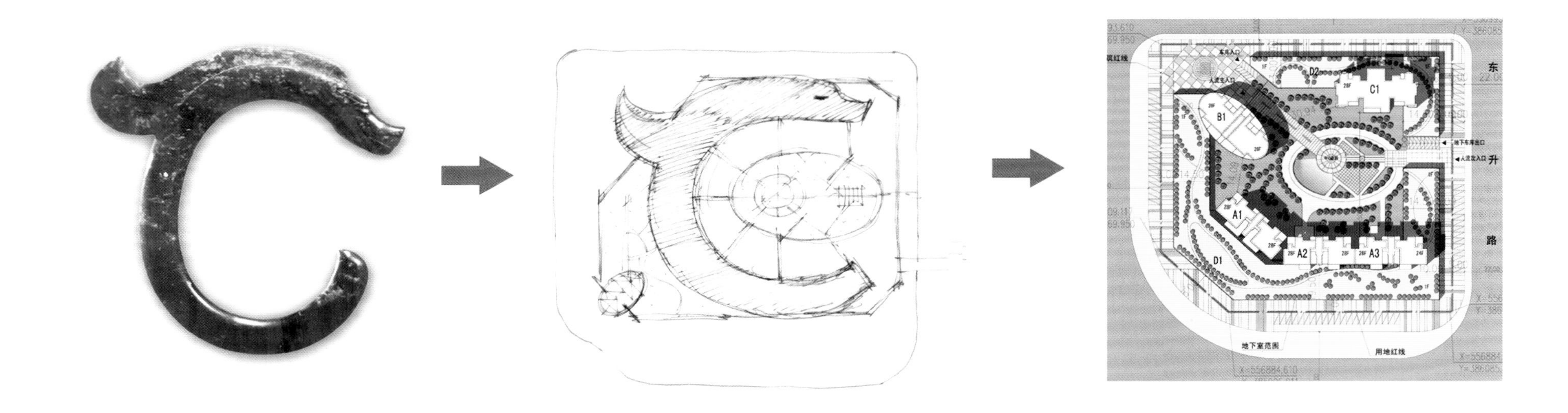

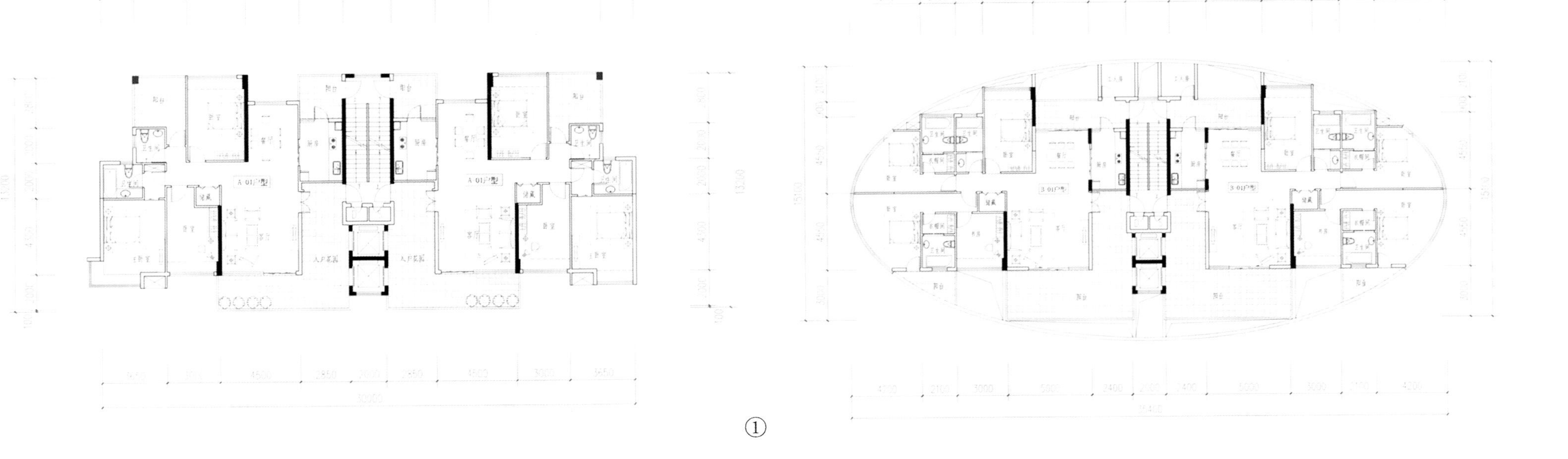

①

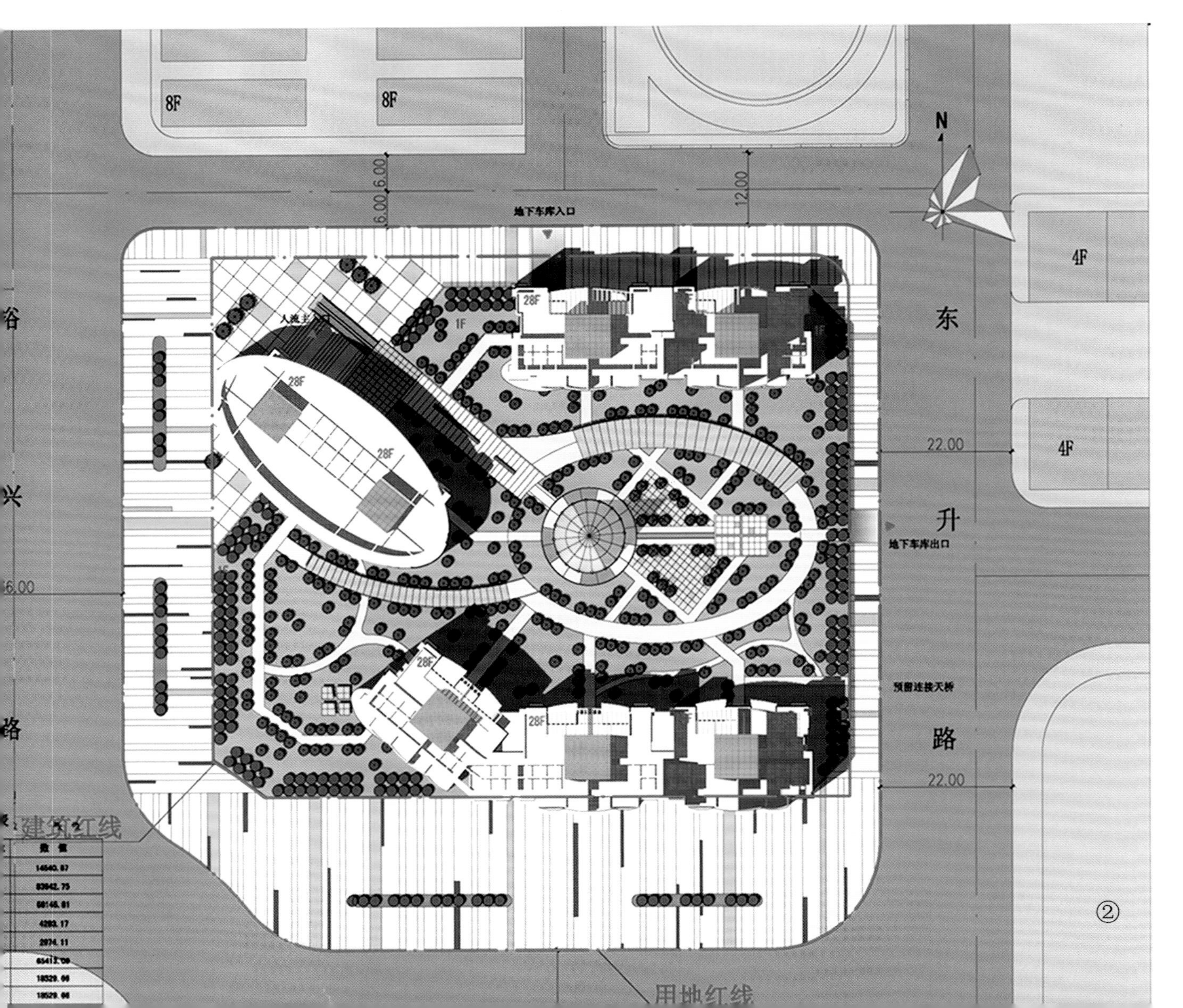

②

这张图标明了各个方向建筑的退线，严格满足规范要求，是成功中标的关键。

①户型平面图

②总平面图

③入口透视图

Pioneer
NOKIA
Sun
PENTAX
Ivanka Trump
③

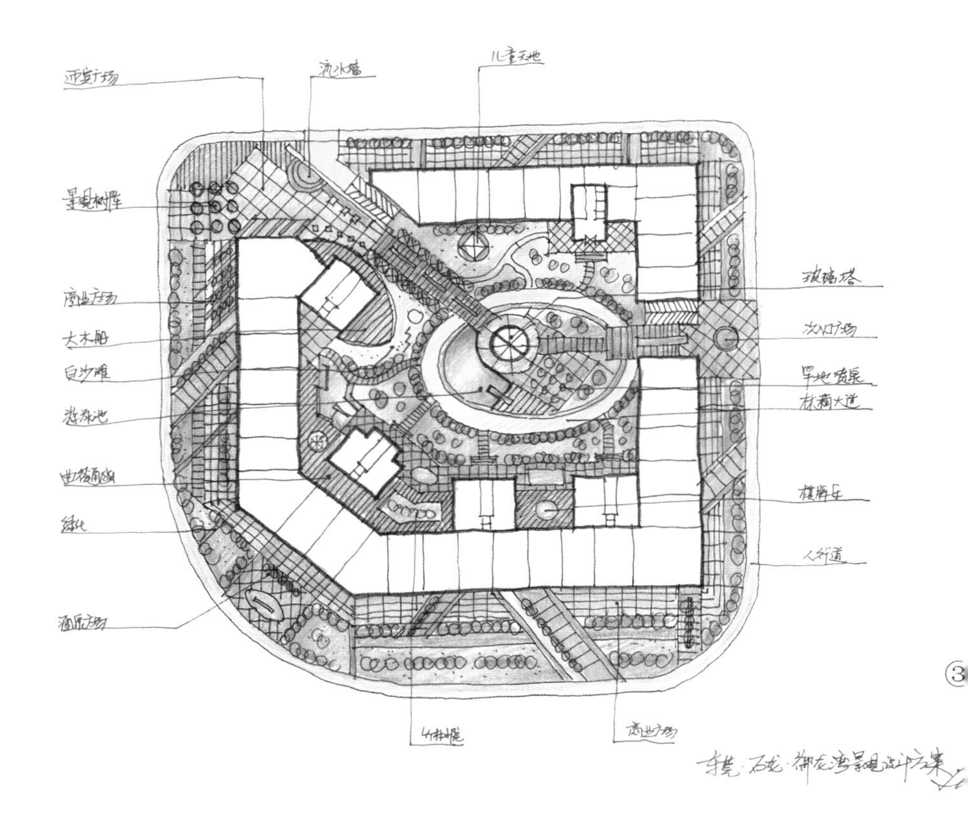
迎宾广场
流水墙
儿童天地
景观树阵
商业广场
大木船
白沙滩
游泳池
曲径通幽
绿化
酒店广场
玻璃塔
次入口广场
旱地喷泉
林荫大道
人行道
商业广场
东莞·石龙·御龙湾景观设计方案

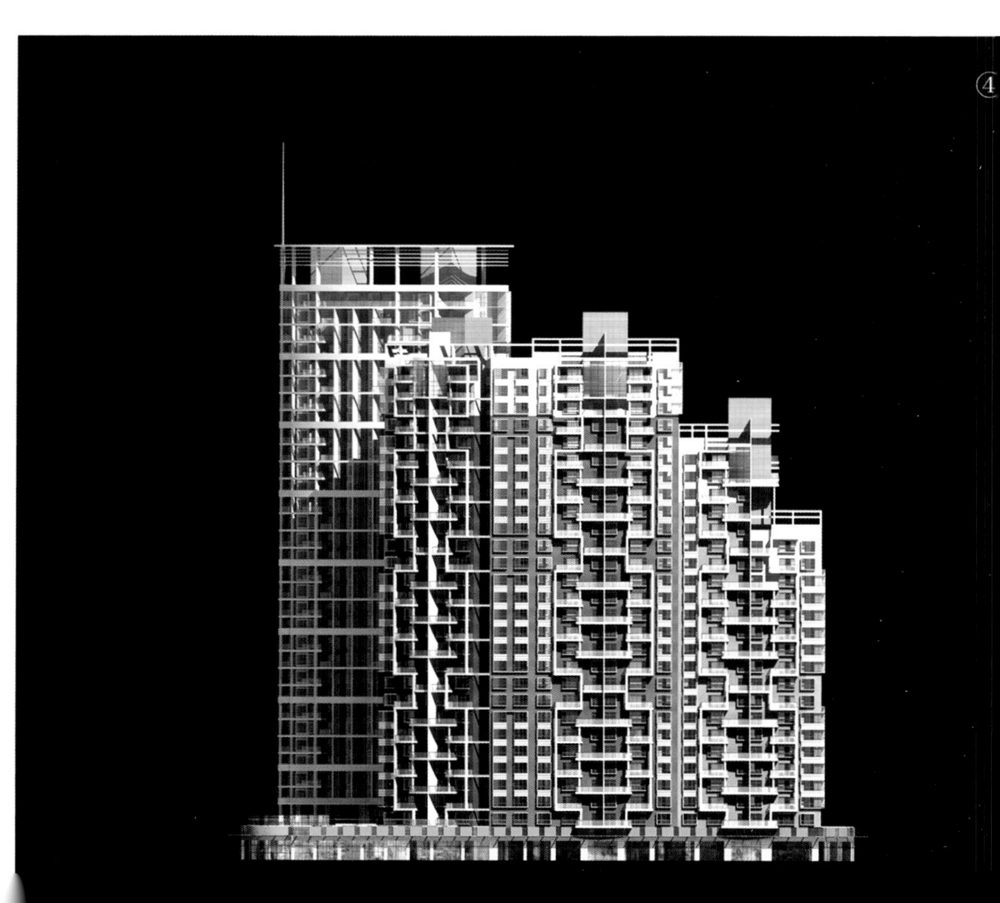

①街景实景
②鸟瞰图
③手绘草图
④立面图
⑤街景透视图

⑤

○深圳东乐花园

项目地点：广东省深圳市

设计时间：2007年

建筑面积：10万平方米

实施情况：中标未建

东乐花园位于深圳罗湖区布心路与爱国路交界处，根据地形特点，按长条形布置，分为东北、西南两区。总体看来，北密南疏。东北整片城市绿化种植高大树木，取义“森林”，遮挡噪音，营造安静祥和的小区环境；西南区为架空层与南广场，地形狭长，设计借鉴“枯山水”之手法，将大面积的地面铺设条形防晒木，塑造整体“船甲板”之特点，局部配以山石、竹林，并结合喷泉、流水，以实现整体、开阔、通透、小中见大之目的。建筑容积率大，高度高，主楼分为两组，色彩下重上轻，减轻整体体量。阳台为波浪形，体现滨水之特点。由于事前了解到深圳新的规范要求，塔楼连续面不能超过80米，所以把建筑分为两个组团，间距18米，开标后发现这是唯一遵守当地规范的方案，故顺利中标。

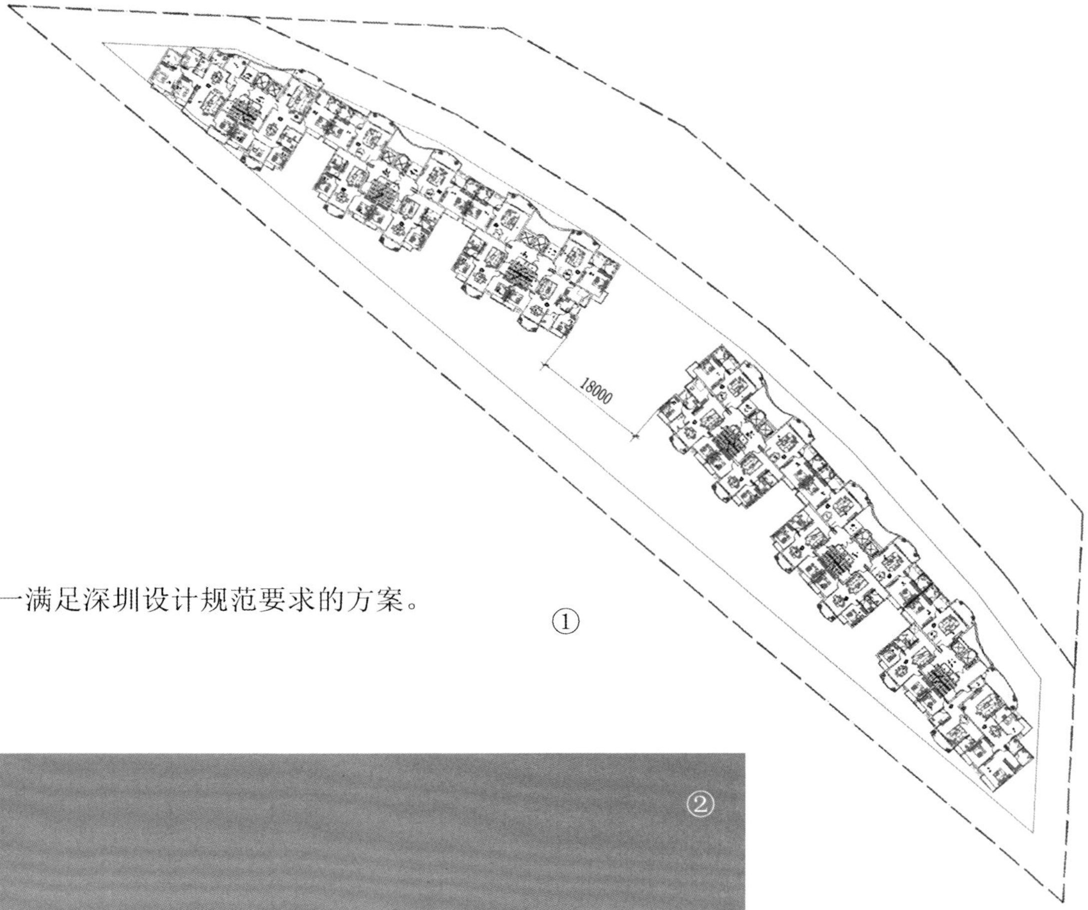

18000

两组团脱开，间距18米，是唯一满足深圳设计规范要求的方案。 ①

②

①单元组合图
②夜景鸟瞰图
③沿街透视图

◇聚豪华庭花园

项目地点：广东省东莞市

设计时间：2004年

建筑面积：16万平方米

实施情况：已建成

聚豪华庭项目基地位于东莞石龙镇新区中心位置，地理位置优越，环境优雅，交通便利，是理想的高品质生活居住用地。整个小区分为底层裙房及上部住宅两部分，共有13栋高层及3栋多层组成，裙房沿街部分设置商铺，商铺后为停车场，住宅主入口设于南侧，经大台阶引导直上大平台，经平台花园进入每栋住宅大堂，形成人车完全分流，保证住户生活的宁静与安全。本案总体设计围绕滨水建筑之特点，采用白色为主色调，点缀红、蓝、黄等色彩，意欲创造一种清新、现代、流畅的风格特点。建筑高低错落，顶部采用飘板，远远望去，如一组跳动的白帆，浮动在东江河畔。

40

①实景照片

②总体鸟瞰图

①江景实景图
②江景效果图
③夜景效果图

③

②

95.11.16.

准：看准要点，抓住主题

每个项目的方案设计时，摆在设计师面前都会有许多的问题，要善于找出主要的问题和问题的主要方面，看准要点，抓住主题，往往可以一剑封喉，解决问题，拿下项目。

△水岸莲花

项目地点：广东省四会市

设计时间：2007年

建筑面积：30万平方米

实施情况：已建

水岸莲花位于广东四会市绥江东岸新防护堤与滨江路之间，靠近中心区，交通便利，配套齐全。地块为长条形，南北长905米，东西宽163米，西面临江，景观极佳。本案将基地对面两条市政道路延长，巧妙地在地块内围合成圆弧形中心区，形成城市对景。以圆弧中心线为景观轴线，控制整个构图，反向圆弧，围绕码头布置，并于南北向道路组合成小区骨架，小区地块划分明确、合理、大小适中，符合城市规划要求。小区开发，由南向北，可分为两期进行，主次分明，张弛有度，收放自如。本案造型采用西班牙风格，以浅色调配红瓦屋面，讲究细部与质感，纯净、亮丽、经典、大气，体现地中海的浪漫风情，在当地独树一帜，极具特色。投标时经过两轮评选，第二轮看准甲方要求，只用5天时间修改方案，摸准要害，一剑封喉。

①会所鸟瞰图
②总体鸟瞰图
③夜景透视图

△竹叶扁舟酒店

项目地点：江西省崇义县

设计时间：2009年

建筑面积：4000平方米

委托单位：崇义林业局

竹叶扁舟基地位于江西阳明山国家4A级风景区内，靠山而居，滨水而设，正对主入口，地理位置十分显要，是阳明山风景区的门户之地。总体将建筑分为水上餐厅与客房两部分，两栋建筑围合出码头广场，面向水面打开，引风景入画。远望建筑似一片竹叶，似一叶扁舟，安静、祥和、静静地漂浮在阳明山的山林湖水之间。由于方案设计把握要点准确，第一轮方案就顺利通过了。

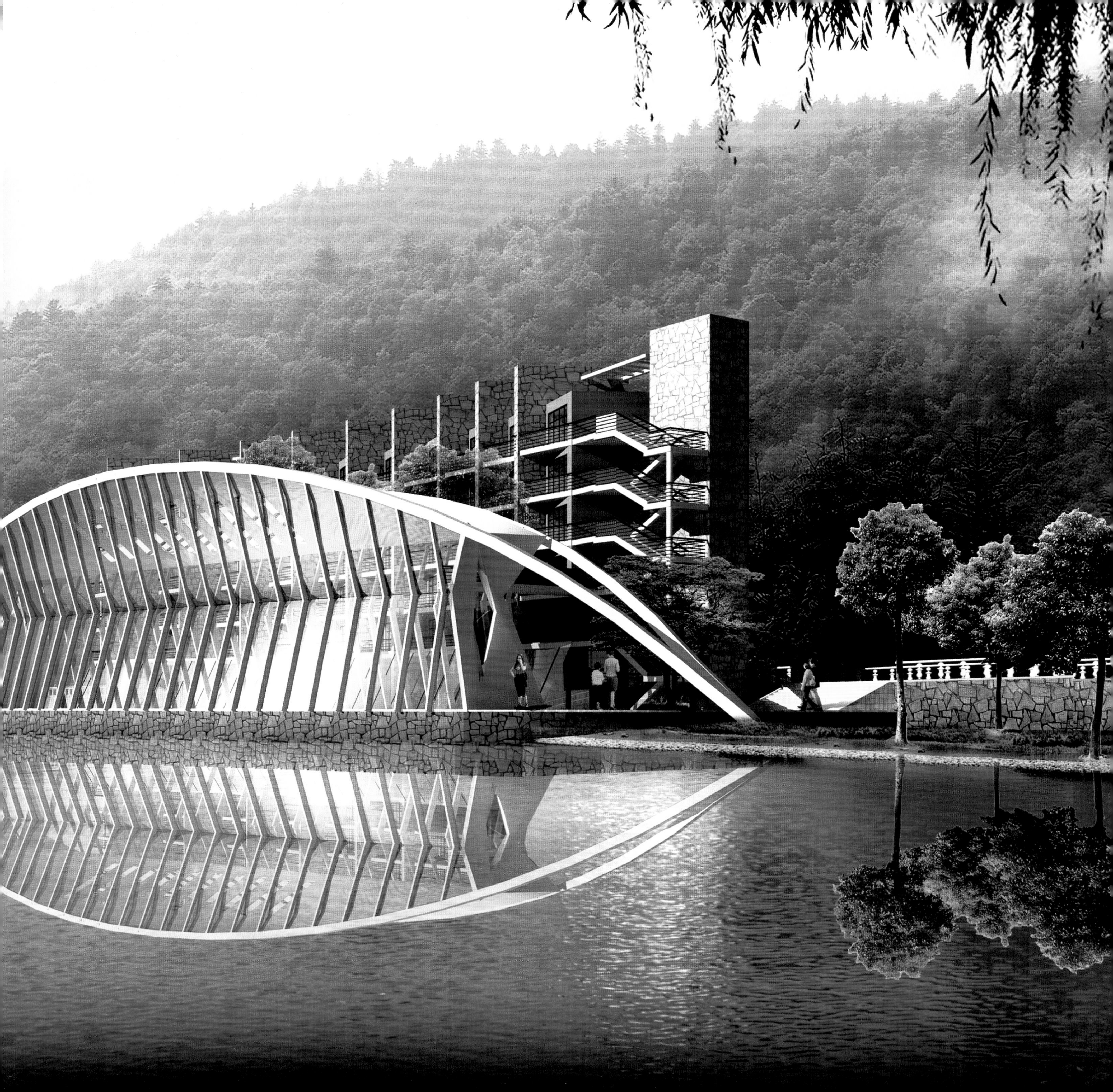

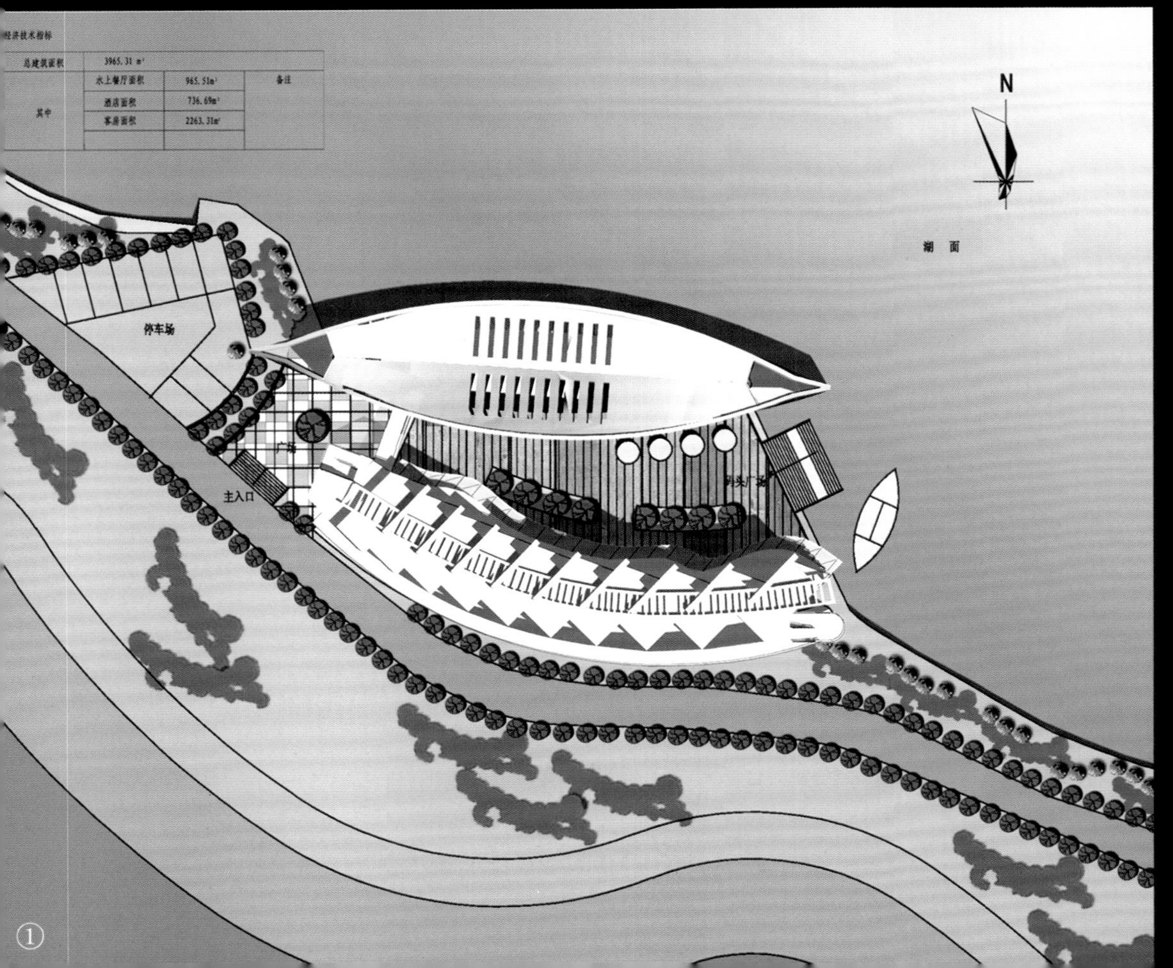

①总平面图

②鸟瞰图

③远景透视图

△香樟国际花园

项目地点：广东省东莞市

设计时间：2007年

建筑面积：6万平方米

实施情况：已建成

鹤舞龙山项目位于东莞市樟木头镇南城区成熟地段，靠近火车站，占地面积12173平方米。基地为不规则长条形状，西高东低，落差较大，所以设计时力求在功能上结合山体特点，将不利因素一一化解。户型平面呈倒Y形布置，争取两侧景观，最大限度地发掘场地的潜能。设计灵感源于丹顶鹤，色彩雅白，局部点缀暗红，取名鹤舞龙山，一轮中标。后因项目更换甲方重新设计，采用现代风格，造型利用暗红色与白色相间，并配以深灰，体现家的温馨。

TOSHIBA

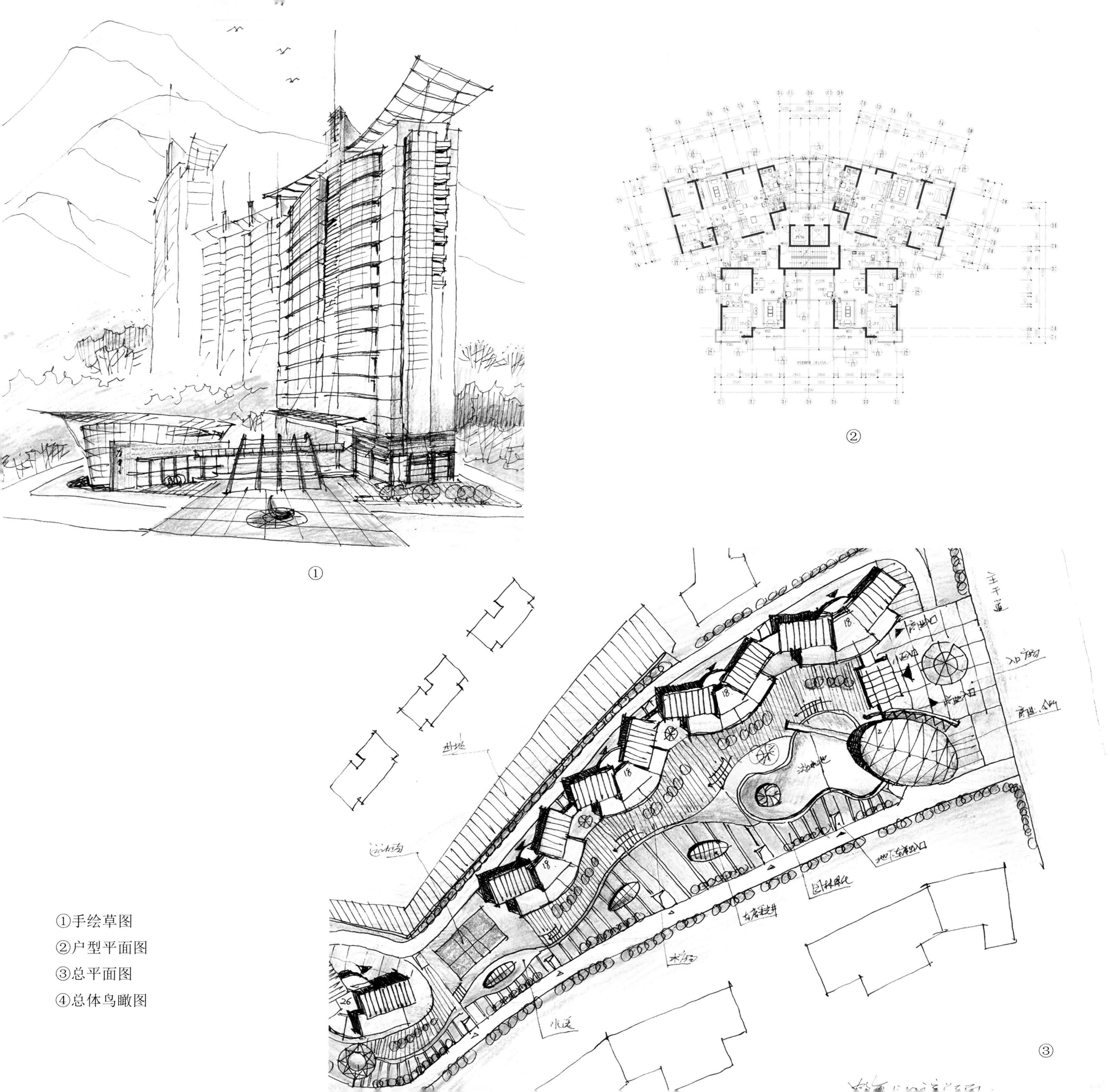

①

②

③

①手绘草图

②户型平面图

③总平面图

④总体鸟瞰图

九天仙子云中
现手把红罗扇
遮面急须著眼
看仙人莫看仙
人手中扇 此古
德偈语中之精义

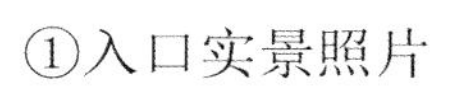

①入口实景照片
②塔楼实景照片
③街景照片

CENTRAL
LUXURY

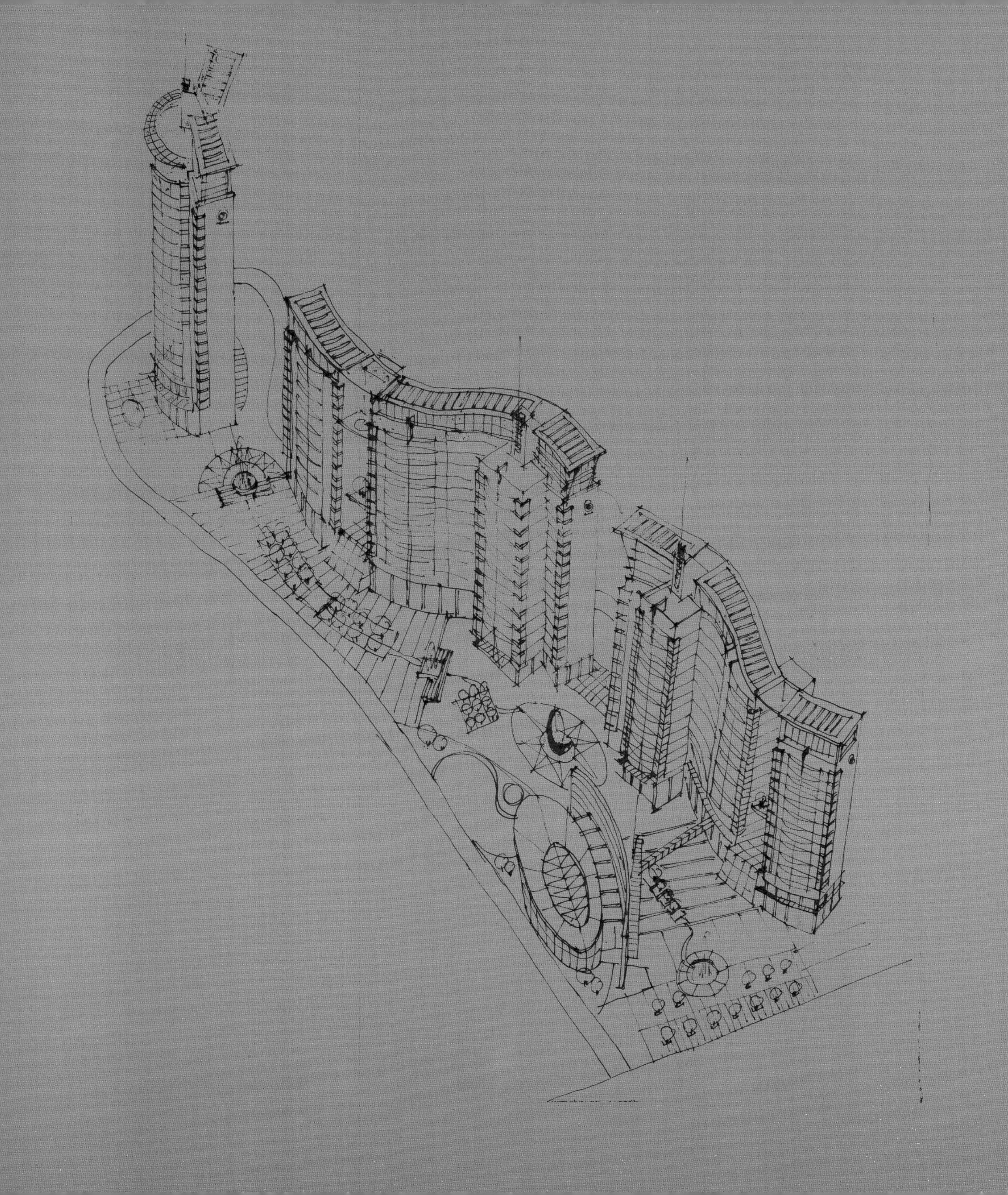

强：绝对优势，王者无敌

我们团队在投标时，我会要求大家在设计的各个方面取得明显优势，不仅在构思创意方面，而且包括绘图、制作甚至版式、打印、装订等方面都要做到最好。这样才能形成“绝对优势”，让对手无话可说，成为最终的胜利者。

☆东莞城市方舟公寓

项目地点：广东省东莞市

设计时间：2005年

建筑面积：5万平方米

实施情况：已建成

城市方舟项目基地位于东莞市中心，地形呈长方形，紧邻东莞大道，并与对面旗峰山遥相呼应。设计根据功能特点分为商业与住宅两部分，由低向高，呈阶梯状布置，以争取更多的山景景观视野。建筑顶部采用整体式设计，飘逸、大气，形如大船即将起航。投标时第一轮就做了模型和效果图，赢得甲方的充分肯定，取得了绝对优势，顺利中标。

①总平面图
②鸟瞰图
③街景透视图

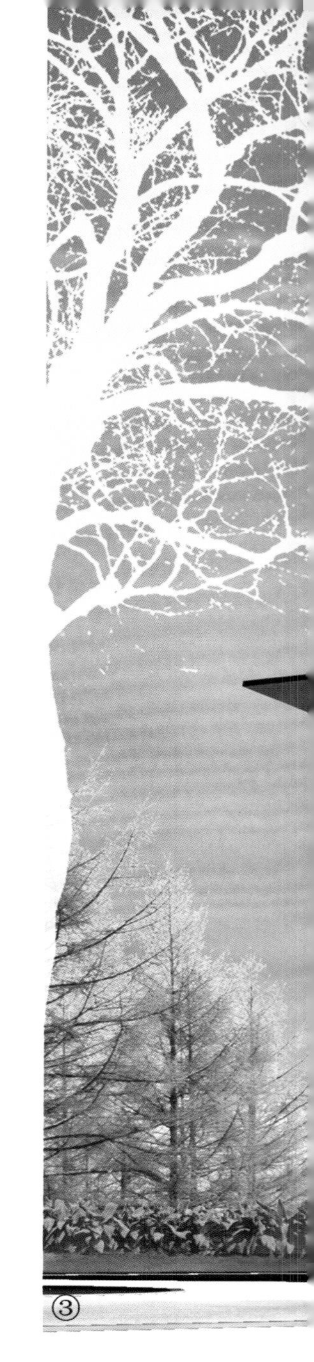

③

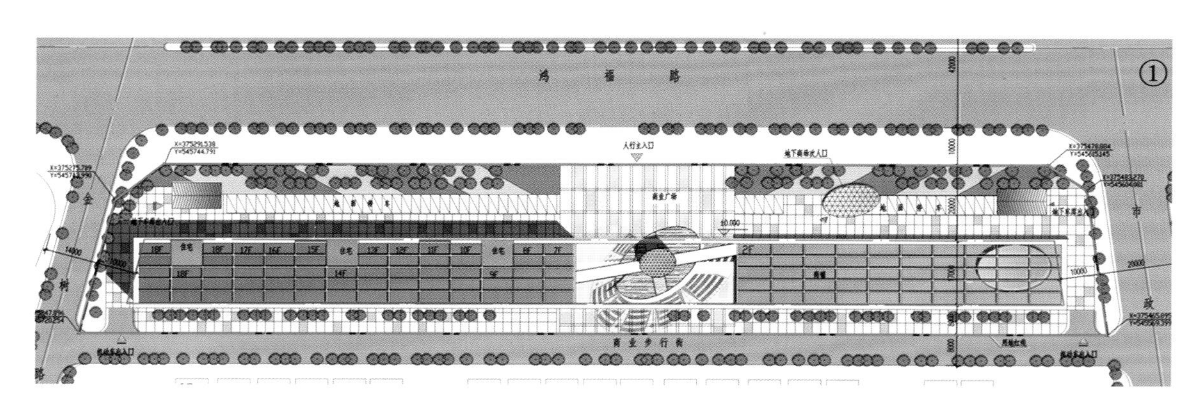

②

BOSS
ESPRIT
teenmix
SK-II
LANCÔME
CK
VERSACE
TOSHIBA
GIORDANO
佐丹奴

○惠州润德学府

项目地点：广东省惠州市
设计时间：2013年
建筑面积：12万平方米
实施情况：已建

润德学府 2013年秋，我们参加惠州润德学府的项目投标，经过与甲方充分的沟通，采用围合式布局，点线结合，现代风格，造型独特，设计思路清晰，规范标准合理，各个方面都比其他家出色，占有绝对的优势，王者无敌，顺利中标。

润德学府
LOUIS
VUITTON
Dior
PRADA
CHANEL
GUCCI
DKNY
①

②
shopping mall

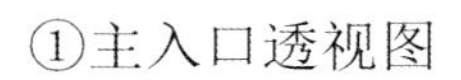

①主入口透视图

②街景透视图一

③实景照片

④实景照片

④

①原创雕塑“花蕊”

②原创雕塑“天元”

③小区花园天际线

④街景透视图

鸣谢·后记

好不容易，这本书总算出版了。这本书既是对我之前工作的总结，也是对竞标创意与技巧的探索。我是个热爱建筑、擅长设计，但不善于写文章的人。多亏了秦铁副总建筑师的协助，对此书的内容、文字、排版等各方面进行了整理。也感谢深大建筑设计院的钟中、华南理工大学的刘宇波、梁海岫等师兄弟提出的宝贵意见和建议，更要感谢导师何镜堂先生的谆谆教诲，导师对建筑事业的敬业精神永远都是我们学习的榜样。